생활과 그린에너지 2판

Life and Green Energy

윤신숙 · 남궁미옥 지음

2판 머리말

우리가 살고 있는 지구는 물질적으로 닫힌계이다. 즉, 우리가 사용하는 모든 물질은 지구로부터 얻으며 지구가 존재하는 한 이 물질들의 양은 한정되어 있다. 그럼에도 불구하고 산업의 발달과 함께 사람들은 자동차, 비행기, 컴퓨터, 인공위성, 플라스틱 등 많은 발명품들을 만들어 생활을 편리하고 윤택하게 추구하면서 한정된 자원과 에너지를 과다하게 사용하고 있다. 과도하게 사용된 화석연료로 인해 이산화탄소를 포함한 여러 종류의 폐기물들은 증가되었고 환경오염과 기후위기를 유발시켜 전 지구적 생태계가 위태로운 상황에 처하게 되었다.

우리는 지속가능한 미래를 위해 환경파괴를 최소화하면서 깨끗하고 재생 가능한 에너지원을 찾아야 하는 요구에 직면하게 되었고, 에너지전환을 더 이상 미룰 수 없게 되었다. 에너지에 의존할 수밖에 없는 우리의 삶에서 에너지에 대해 올바르게 인식하고, 지속가능한 지구를 후대에 물려주기 위해 우리의 행동을 변화시킬 때이다.

교육은 인간을 변화시키며, 사실에 대한 새로운 시각과 인식을 심어준다. 이러한 의미에서 에너지교육은 에너지문제와 위기를 극복할 수 있는 의미 있는 대안 중 하나라 생각된다. 이에 에너지에 대한 올바른 인식과 이해를 높이고, 행동의 변화를 통하여 지속가능한 미래를 위해 노력하고

자 2015년 에너지교육교재를 집필하여 발간하게 되었으나 아쉬운 점이 많았다.

따라서 그사이 새로운 기술개발이나 에너지전환을 통해 탄소중립 목표를 달성해야만 하는 시대의 변화에 맞추어 「생활과 그린에너지」 개정판을 발간하게 되었다. 이번 개정판은 일부 자료를 최신자료로 바꾸었으며, 이 교재가 대학 교양수준의 에너지교육에 밑거름이 되기를 기대한다.

본 교재의 출간을 위해 많은 도움을 주신 북스힐의 조승식 사장님, 편집부 직원들께 감사의 마음을 전한다.

2023년 8월 말

차 례

01 에너지란

02 녹색성장

03 화석에너지

08 풍력에너지

09 수력에너지

10 바이오에너지

11 폐기물의 화려한 변신

12 해양에너지

13 지열에너지

14 연료전지와 수소에너지

15 인간동력 에너지

01

에너지란

에너지에 의존하는 우리의 생활

1세기경 지구의 인구는 약 2억 정도로 추정되나 산업화 이후 급격하게 증가되었고 2023년 세계 인구는 80억 명을 넘어섰다. 인구는 계속해서 늘어날 것으로 예상되므로 이로 인해 식량, 환경, 자원과 함께 에너지에 대한 문제가 지구를 위협하는 요소로 대두되고 있다.

여러 가지 위협 요소 중 하나인 에너지를 사람들이 사용하지 못하게 된다면 어떤 일이 벌어질까? 한 예로 2003년 여름 미국 북동부 지역에 대규모 정전사태가 일어난 적이 있었는데 이 일로 사람들의 평화로운 일상이 깨져버렸다. 정전으로 도심의 지하철 운행이 중단되자 인도와 차도는 지하도에서 나온 인파들로 막혀버렸고, 움직일 수 없는 차들로 차도는 마치 주차장 같았다. 차를 버리고 걸어서 집으로 가야만 했고, 설령 집에 도착했더라도 고층 아파트에 올라가지 못해 집 밖에서 밤을 보냈다. 어떤 사람들은 집으로 가는 것을 포기하고 길에서 잠들기도 했다. 다른 한편에서는 정전을 틈탄 노략질로 도심을 혼란에 빠트렸다.

우리나라에서도 2011년 9월의 어느 날 공급되는 전력량이 사용량보다 부족해 대규모 정전(블랙아웃)사태가 일어났었다. 만약에 그날의 정전 사고로 예기치 못한 사고를 당했다면 아마도 그 기억은 더 참혹했을 것이다.

이처럼 에너지는 우리의 생활에 필수품이 되었고 인간이 하는 모든 행동에 에너지가 필요하다. 즉, 아침에 일어나면 전등을 켜고, 뉴스도 듣고, 가스를 켜서 밥을 지어 먹고, 차를 타고 학교나 회사로 가는 등 우리의 모든 일들이 에너지를 사용하지 않는 것이 없을 정도로 인간의 삶은 에너지와 함께하고 있다.

인류 초기에는 불을 이용해 음식을 익혀 먹고, 밤을 밝히고, 추위를 이겨내는 등 단순한 용도로 에너지를 이용했지만 시대적 흐름에 따라 자동차, 컴퓨터, 우주선, 드론 등 다양한 제품의 사용으로 에너지 이용에도 다양한 변화가 일어나고 있다. 또한 요즘은 전기레인지로 음식을 조리하고, 도시가스나 지역난방으로 난방을 하는 등 일상생활에서도 다양한 형태의 에너지를 사용해 사람들의 삶이 편리해지면서 사람들은 에너지에 더욱더 의존된 생활을 하고 있다.

문명의 발달과 산업구조의 변화와 함께 인구가 점점 증가하고 있어 에너지 소비량도 점점 늘고 있다. 산업혁명 이후 20세기 중후반까지 석유 소비량이 10년마다 2배씩 늘어나고 있다는 사실로부터 알 수 있듯이 사람들은 수많은 욕구를 충족시키려고 필요 이상의 자원을 고갈시키고 있다. 에너지를 포함해 자원을 소비할 때 우리 주변에서 일어나고 있는 일들로 지금 지구는 고통 받고 있다. 한 예로 가솔린을 연료로 사용해 달리는 자동차는 대기오염과 지구온난화를 일으키는 배기가스를 배출하게 된다. 이 외에도 자동차 제조에 사용되는 수많은 재료 즉, 금속, 플라스틱, 합성고무, 페인트 등의 많은 물질의 생산과 폐기가 자동차 사용을 위해 필요하다. 이처럼 자동차를 이용하는 사람들의 삶은 편리해지지만 많은 자원과 에너지가 소모되고, 폐기물을 생성시키며, 대기오염, 산성비 등 환경오염과 함께 기후 위기를 일으켜 전 지구적 생태계를 위태롭게 만들고 있다(그림 1-1).

화석연료의 사용이 꼭 부정적인 결과만 주는 것은 아니지만 환경오염, 기후변화를 일으키는 주된 원인 중 하나여서 지금과 같은 지구를 후대에 물려주려면 깨끗하고 재생가능한 차세대에너지원으로 전환하지 않으면 안 되는 상황이 되었다. 현재 전 세계 국가들은 2015년 파리협정을 통해 지구 평균기온 상승을 1.5℃로 억제하는데 의견을 모으고, 가능한 빨리 온실가스 정점에 도달한 후 21세기 후반부에 넷제로(Net-zero, 순배출량 '0')에 도달하는 탄소중립 목표를 설정하기에 이르렀다. 이것은 세계적인 에너지전환 흐름의 강력한 신호탄이 되었고, 유럽의 2050년 탄소중립 목표제시와 유럽 그린딜 발표를 시작으로 미국, 일본, 중국 등을 비롯한 우리나라에서도 탄소중립을 선언하게 되었다. 이제는 신재생에너지로의 에너지전환을 통해 지속가능한 지구를 후대에 물려주기 위한 노력이 절실한 때이다. 에너지에 의존할 수밖에 없는 우리의 삶에서 에너지에 대한 이해를 높이고, 행동의 변화를 통해 지속가능한 미래를 위해 노력해야 할 때이다.

그림 1-1. 2019년 호주 산불과 2020년 홍수가 난 섬진강 주변(출처: 환경백서, 2020)

우리나라의 에너지소비

현재 세계적으로 많이 사용되고 있는 에너지자원에 무엇이 있을까? 산업과 문명이 발달하면서 사용하는 주된 에너지자원은 변화되었다. 산업혁명 이전에 사람들은 나무를 주로 사용했지만 그 이후 석탄을 주 에너지원으로 사용하기 시작했고, 지금도 전력 생산을 위해 석탄을 가장 많이 사용하고 있다. 20세기에는 자동차를 보편적으로 사용하고, 산업용으로도 석유를 사용하게 되면서 석유가 새로운 에너지원으로 등장하게 되었다. 20세기 후반에는 기술의 발달로 천연가스가 보급되기 시작했고, 대기오염 개선과 온실가스를 적게 배출한다는 이유로 현재는 소비가 점점 더 증가되고 있다. 이와 함께 1970년대에 일어난 제1, 2차 석유파동으로 고유가와 에너지 공급의 불안정성을 겪으면서 원자력에너지가 석유를 대체할 에너지원으로 각광을 받기도 했다. 그러나 몇 차례 방사능 유출 사고로 탈원전 요구가 급부상되기도 했지만 지금은 안정적인 에너지 공급과 온실가스 감축을 위해 EU는 원자력과 천연가스를 그린택소노미(Green Taxonomy)에 포함시키면서 원자력발전이 다시 장려되는 추세로 바뀌고 있다. 또 다른 에너지자원으로는 기후변화에 대한 관심이 고조되면서 2000년대 이후 가장 빠른 소비증가를 보이고 있는 신재생에너지가 있다. 세계 1차 에너지자원 중 10%가 조금 넘는 비중을 차지하고 있기 때문에 현재의 에너지소비 흐름으로 볼 때 전 세계 에너지소비는 여전히 석유, 석탄, 천연가스인 화석연료로부터 대부분의 에너지를 얻고 있다.

우리나라의 에너지소비도 화석연료와 원자력에 과도하게 집중되어 있어 세계적 흐름과 크게 다르지 않고 있다. 2018년 기준 우리나라의 1차 에너지원별 소비 비중을 살펴보면, 석유가 38.5%로 가장 큰 비중을 차지하고 있고, 석탄 28.2%, LNG 18.0%, 원자력 9.2%, 신재생 5.6%, 수력 0.5% 순으로 그 뒤를 따르고 있다(그림 1-2(좌)). 1986년에 도입되어 보급하기 시작한 LNG는 대기오염 감소를 위한 정책에 따라 계속해서 소비량이 꾸준히 늘어나고 있는 반면에 가장 큰 비중을 차지했던 석유의 소비는 90년대 53.8%에서 2010년 이후 38.7%로 감소되었지만 계속 유지되면서 여전히 1차 에너지소비 비중 중 가장 큰 비중을 차지하고 있다. 이와 같은 에너지소비 경향으로 볼 때 우리나라도 세계적 흐름과 같이 화석연료에 대한 의존도가 높은 것 이외에 우리나라는 원자력에너지에 대한 의존도가 화석연료 다음으로 높은 특징이 있다.

우리나라의 최종에너지 소비로 볼 때 경제성장에 따라 산업이 활발해지고 수송용 에너지소비가 증가되어 석유 소비의 비중이 50.2%로 여전히 가장 높다. 석유 다음으로 소비 비중이 큰 최종에너지는 19.4%의 전력으로 생활수준의 향상과 4차 산업의 발달에 따라 전기 소비는 향후 계속 증가될 것으로 전망되고 있다. 그다음으로는 석탄 13.9%, 도시가스 11.4%, 신재생 및 열에너지 등 기타 5.1%가 뒤를 따르고 있다(그림 1-2(우)).

우리나라의 에너지소비도 세계적 흐름과 크게 다르지 않다. 화석연료에 대한 의존도가 높고 에너지 수요의 90% 이상을 수입에 의존하고 있어

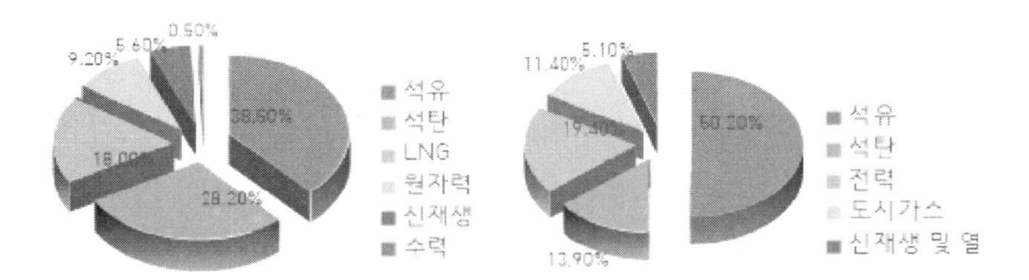

그림 1-2. 1차 에너지 소비 비중(좌), 최종 에너지 소비 비중(우)(2018년 기준)
(출처: 신재생에너지백서, 2020)

서 언제라도 자원 부국들의 에너지 보호주의와 각국의 자원 확보 전쟁이 발생될 것을 대비해 에너지 안보에 대한 강화방안이 필요하다. 또한 사용하기 편리한 전력의 사용량이 빠르게 증가되고 있다.

이러한 관점에 따라 우리나라의 에너지 정책은 화석연료에 대한 의존도를 줄여야 하며, 이를 위해 에너지기술을 개발하고, 에너지 효율성 강화를 위한 기술개발과 동시에 안정적인 에너지 공급을 위해 해외자원 개발 및 에너지기술 수출을 통한 외교적 노력으로 에너지자원도 확보하고, 에너지절약을 통한 에너지자원의 소비를 줄여 궁극적으로는 에너지 자립도를 높일 수 방향으로 나아가야 할 것으로 생각된다.

우리나라 에너지정책의 흐름

에너지자원의 수입의존도가 높은 우리나라가 안정적으로 에너지를 공급하기 위해 어떤 방향으로 가야 할까?

에너지와 경제는 밀접한 관계로 지속가능한 경제발전을 위해 에너지자원의 안정적인 확보는 매우 중요하다. 에너지자원의 해외의존도가 높은 우리나라는 1970년대 두 차례의 석유파동과 1991년 걸프전으로 인해 기름값이 폭등하는 사태가 일어날 때마다 산업계의 원가부담 증가와 물가 상승으로 인한 소비감소로 산업을 크게 위축시켜 경제성장을 감소시켰다. 이런 유사 상황은 최근 해외에서도 일어났다. 코로나 유행으로 침체되었던 국제경제가 회복되려는 2022년 초에 우크라이나-러시아 사태가 발생되면서 유럽의 여러 국가들은 천연가스공급의 일시적 중단 또는 감소로 '에너지 위기'를 맞게 되었다. 독일의 경우 에너지 가격급등, 산업원료 부족으로 공장 가동에 어려움을 겪으면서 물가 상승을 유발시키고 경제활동을 위축시키면서 심각한 경제난에 직면할 수도 있을 것으로 예상되고 있다.

우리가 살고 있는 지구는 물질적으로 닫힌계로 지구가 형성된 이후 우리가 사용하는 모든 물질은 지구에서만 얻을 수 있다. 따라서 우리가 주로 사용하는 화석연료는 지구에서 얻기 때문에 매장량이 한정되어 있다. 그렇다면 가장 많이 사용되고 있는 화석연료는 지구상에 얼마나 있고, 몇 년 동안 채굴할 수 있을까? 일반적으로 석유의 가채년수는 한 해에 매장이 확인된 석유 중 그 당시의 기술로 경제적인 비용으로 채굴 가능한 석유의 양을 그해의 실제 생산량으로 나눈 값으로 결정된다. 외교부의 2017년 '국제에너지·자원 분석' 통계자료의 분석에 따르면 석탄은 약 134년, 석유는 약 50년, LNG는 약 53년의 가채연수로 예상되었다(표 1-1). 화석연료를 계속 사용하고 있어 자원이 언젠가 고갈될 것이라 예측되지만 매장량이나 가채년수 수치는 석유 탐사기술과 생산기술의 발전 등 여러 이유로 인해 확인매장량과 가채기간은 계속 변하고 있고, 더불어 매장량이 증가된 경향도 보이고 있다. 다만 세계 각국의 화석연료 사용 비중이 2018년 기준 세계 총에너지 공급 중 82%로 높아 화석연료의 고갈에 대해 고려해야할 것으로 본다.

더욱이 기후위기에 대한 대응은 에너지자원과 에너지전환에 대한 글로벌 에너지정책의 흐름에도 영향을 미친다. 기후위기로 2000년을 전후로

표 1-1. 세계 에너지 가채 매장량 및 가채연수
(출처: 한국석유공사(2011년), 에너지경제신문(2018년))

년도	구분	석유	석탄	LNG
2017년	가채연수	50.2년	134년	52.6년
	확인매장량	2393억 톤	10350억 톤	193.5조 m^3
2011년	가채연수	43년	112년	64년
	확인매장량	13383억 bbl	10300억 톤	141조 m^3

원자력발전이 다시 부각되었으나 2011년 일본의 지진해일로 인한 후쿠시마 원전 사고는 원자력발전에 대한 우려 증가로 원자력 확대에 대한 인식을 바꿔놓았다. 그 시기에 원전의 안전성에 대한 의문으로 탈원전은 힘을 얻었고, 에너지 정책은 원자력 비중을 확대에서 축소하는 방향으로 돌아섰다. 그러나 최근 들어 지구 곳곳에서 발생되고 있는 가뭄, 산불, 폭우, 홍수 등의 현상으로 세계 여러 나라들이 고통 받고 있고, 온실가스의 넷제로 실현을 달성하려는 수단으로 비록 조건부이지만 유럽연합의 그린택소노미에 원자력발전을 포함시키면서 그 필요성이 인정되어 원전이 다시 부각되고 있다. 이러한 흐름에 의해 2022년에 들어서 우리 정부의 에너지정책에도 일부분 변화가 일어나기 시작했고, 기후변화 대응과 에너지안보 강화를 위해 2021년 27.4%의 원전 비중을 2030년까지 30% 이상으로 확대하고, 적극적으로 원전 수출을 추진하겠다고 계획하고 있다.

우리나라의 에너지정책은 에너지 자립도를 높이기 위한 에너지기본계획 등과 연계하여 신재생에너지 기본계획을 수립, 개정하고 있다. 1987년 대체에너지개발촉진법을 제정하고, 태양열과 폐기물에너지의 상용화와 보급을 시작으로 신재생에너지의 기술개발을 추진하고 보급을 확대하려는 노력을 기울이기 시작했다. 1997년에는 「제1차 신재생에너지 기술개발 및 이용・보급 기본계획」을 수립한 이후 2008년 제3차, 2014년 제4차 기본계획을 통해 신재생에너지 보급을 꾸준히 확대하고 있다. 2019년을 기준으로 1차 에너지수요 중 6.2%로 신재생에너지를 공급하였고, 2035년까지 1차 에너지수요의 11%를 신재생에너지로 보급할 계획을 추진하고 있다. 하지만 아직까지도 우리나라의 재생에너지 비중이 주요국에 비해 낮은 편이다.

정부는 2050년 탄소중립 목표달성에 대응하고자 2020년 말 제5차 신재생에너지 기본계획을 발표했다(표 1-2). 제5차 기본계획은 2034년까지 전력수급에서 신재생에너지의 비중을 25.8%로 높이고, 재생에너지와 그린수소 중심의 신재생에너지를 주력 에너지원이 되도록 계획하고 있으며, 기존의 기본계획에서 고려가 부족했던 전력계통 안정성, 재생에너지 수요, 수소에너지 등에 대해 대폭 보완했다. 구체적으로 저탄소사회로 나아가기 위해 신재생에너지 공급의무화제도(RPS)와 연료혼합의무화제도(RFS), 공공기관 설비설치 의무화 등 다양한 정책을 통해 신재생에너지 보급확대와 에너지산업 육성과 수출전략산업으로서 해외진출을 지원하는 체제를 구축하고자 했던 기존계획(1~4차)과 함께 제5차에서는 재생에너지의 보급 확대에 따른 전력계통 안정성 확보기술을 개발하고, 선도적으로 기업과 공공기관의 RE100 참여를 유도하거나 개인의 자발적 참여를 촉진시키고, 수소경제사회를 대비한 수소에너지 관련 기술개발과 수소산업 생태계 육성을 제시하였다. 이와 함께 에너지에 대한 올바른 이해와 지식을 바탕으로 국가와 개인 모두가 에너지정책의 방향에 동참하기 위해 교육과 홍보에도 노력을 기울일 필요가 있겠다.

표 1-2. 제1~4차와 제5차 신재생에너지 기본계획의 주요특징 비교
(출처: 산업통상자원부)

기존계획(1~4차)	제5차 계획('20~'34)
신재생에너지 양적 확대에 중점, 계통 안정성 등 감안부족	**계통 수용성 증대를 위한 시스템 구축**
공급·의무화 측면에 중점 (RPS, FIT 등)	**수요·자발적 확산** 보완 (RE100, 자가용 촉진 등)
신에너지인 **수소분야에** 대한 **고려 미흡**	**수소산업 생태계 육성 포함**
+(추가) 탄소중립시대의 도전과제	
❶ 획기적 잠재량 확충·개발방식 혁신 ❷ 기술한계 돌파 ❸ 전력계통 대전환 ❹ 그린수소 확대 및 에너지시스템 통합	

에너지란 무엇인가?

우리가 힘을 써서 물체를 일정 거리만큼 옮기려면 에너지가 필요하다고 말한다. 그런데 '어떤 물건을 움직이기 위해 힘을 사용하면 일을 했다'라고 하므로 에너지(energy)란 '일을 할 수 있는 능력 또는 열을 옮길 수 있는 능력'으로 정의되고, 에너지를 다음과 같은 식으로 표현한다. 즉, 1J(joule)의 에너지는 1N(newton)의 힘이 물체에 작용하여 1m를 이동시키는데 필요한 에너지양이다.

에너지 (J) = 힘 (N) × 이동거리 (m)

에너지 단위로서는 일반적으로 칼로리(calorie, cal), 줄(joule, J)이 사용되며, 영국열량단위(British Thermal Unit, BTU)도 사용된다. 에너지 단위간의 관계는 다음과 같다. 1 cal는 물 1g의 온도를 1℃ 데우는 열량으로 1cal는 4.184J과 같은 크기이고, 미국에서 통용되는 BTU는 물 1lb(pound)의 온도를 1F(화씨) 올리는데 필요한 열량으로 1BTU는 252cal와 같다.

에너지를 만드는 자원은 종류에 따라 다양한 형태로 되어있고 크기를 나타내는 단위들도 각기 다르게 사용하고 있어 에너지양을 함께 다룰 때 상대적으로 비교할 수 있도록 에너지자원의 단위를 표준화시킬 필요가 있다. 이러한 의미의 단위로 석유환산톤(Ton of Oil Equivalent, toe)이 사용된다. 즉, 석탄은 kg, ton 등을 사용하고, 석유는 bbl, 천연가스는 ft^3, m^3 등, 전기는 W, kWh 등 여러 가지 단위로 각각 사용하지만, 석유환산톤 1toe는 원유 1ton을 태웠을 때의 발열량 107kcal를 기준값으로 정해 놓고 석유, 가스, 전기 등 각각 다른 에너지자원들에 대해 에너지자원 간의 상대적 효율과 크기를 비교한다. 다만 이 단위는 기준 값이

기관과 자료마다 약간씩 달라 혼선을 줄 수도 있다. 사용 기관 중 하나인 세계 에너지 회의(World Energy Council, WEC)는 다음과 같은 환산계수를 적용한다.

석유 1ton = 1toe
석탄 1ton = 0.66toe
천연가스 1ton = 1.23toe
천연가스 1000m^3 = 0.857toe
땔나무 1ton = 0.380toe
우라늄 1ton (재래식 원자로) = 100,000toe
전기 1000kWh = 0.223toe

에너지는 어떤 특징이 있을까? 에너지는 그 근원에 따라 운동 에너지, 위치에너지, 열에너지, 소리에너지, 화학에너지, 전기에너지, 빛에너지 등 다양한 형태로 나눌 수 있고, 이들 에너지는 서로 다른 형태의 에너지로 바뀔 수도 있다. 즉, 전구를 켤 때 사용되는 전기에너지는 빛에너지로 바뀌면서 동시에 일부는 필라멘트가 가열되는 열에너지의 형태로도 바뀐다. 또는 자동차 연료의 연소는 열에너지가 기계적 에너지로 변환되어 자동차를 움직이게 만든다. 이처럼 에너지는 다른 형태로 바뀌는 것이지 없어지거나 생성되는 것이 아니다. 우리는 에너지를 소비한다고 하지만 사실은 에너지를 사용하여 없어지게 하는 것이 아니라 다른 형태로 바뀌는 것으로 에너지는 항상 보존된다. 이것이 열역학 제1법칙(1st law of thermodynamics)인 에너지 보존의 법칙이다.

그런데 에너지는 다른 형태로 바뀔 때 그 방향에 제약이 있다. 어떤 변화가 자발적으로 일어난다는 것은 그 변화가 무질서한 쪽으로 진행하는 것을 의미하는데, 에너지 변환과정도 이 원리를 따른다. 즉, 한 에너지가 사용하려는 다른 형태의 에너지로 100% 변환되지 않고 투입한 에너지의 일부가 무질서한 쪽으로 진행되어 사용할 수 없는 것으로 변환된다. 따라서 투입한 에너지의 양보다 사용할 수 있는 에너지의 양은 항상 적고, 에너지 변환에는 방향이 있다. 이것을 열역학 제2법칙(2nd law of thermodynamics)이라 한다. 에너지는 이 두 가지 법칙에 따라 양적으로는 보존되나 질적인 면으로는 보존되지 않는 성질이 있다.

에너지의 이러한 성질은 우리 주변에서 흔하게 볼 수 있다. 전구가 밝게 빛나는데 필요한 전기에너지는 뜨거워진 전구에서 볼 수 있듯이 상당부분 폐열로 전환되기 때문에 투입된 전기에너지가 전부 빛(에너지)으로 바뀌지 않는다. 또 다른 예로는 화력발전의 열에너지는 증기터빈을 돌려 전기를 생산하지만 에너지의 일부는 폐열로 주위에 흩어진다. 이것은 한 형태의 에너지가 다른 형태의 에너지로 변환될 때 에너지 총량은 보존되지만 다른 형태의 에너지로 100% 변환되는 기관이 있을 수 없음을 의미하며, 투입된 에너지의 상당 부분이 사용할 수 없는 폐열로 사라지고 있음을 의미한다.

이러한 에너지의 성질로 인해 에너지 변환 정도를 나타내는 지표로 에너지효율(energy efficiency)을 쓴다. 에너지효율은 투입한 에너지양에 대해 변형되어 얻은 에너지양의 비로 나타낸다. 몇 가지 에너지 변환 장치들의 에너지효율을 표 1-3에 제시하였다. 국내에서는 2014년부터 에너지효율이 가장 낮은 백열전구의 생산중단을 시작으로 형광등까지 서서히 퇴출되고 있고, 현재는 LED로 조명등을 교체하고 있다. 에너지자원의 소비량을 줄일 수 있는 에너지 정책의 한 부분으로 다른 많은 분야에서도 에너지효율 강화를 위한 기술 개발을 통해 에너지 소비감축을 이루고자 하고 있다.

표 1-3. 에너지 변환 장치들의 에너지 효율(출처: 환경과학, 광림사, 2001)

에너지 변환장치	에너지 평균효율 (%)
인체	20~25
백열전구	5
태양전지	10
형광등	22
내연기관(자동차)	25
증기터빈	45
화력발전	35~40
연료전지	60

에너지자원의 분류

관점에 따라 에너지자원은 다양하게 분류되고 있다. 에너지자원의 에너지 흐름에 따라 분류할 때 1차 에너지와 2차 에너지로 분류된다. 또한 에너지자원의 소모에 따라 분류할 때 고갈성 에너지와 비고갈성 에너지로 분류되기도 한다. 기후위기로 재생가능한에너지에 대한 관심이 고조되면서 최근에는 신재생에너지로 분류해 사용하기도 한다. 에너지자원에 대한 또 다른 표현으로는 석탄, 석유, 천연가스인 화석연료를 대체한다는 의미로 대체에너지가 사용되기도 했고, 신재생에너지의 다른 표현으로 사용되기도 했다. 초기에는 원자력에너지도 대체에너지에 포함시켰으나 1980년대 이후 환경오염에 따른 문제가 대두됨에 따라 근래에는 원자력에너지를 제외시켰다.

- 1차 에너지(primary energy)
가공, 변환과정을 거치지 않은 자연이 제공한 그대로의 에너지이다. 나무, 석탄, 석유, 천연가스, 원자력, 태양, 수력, 풍력, 지열 등이 해당된다.
- 2차 에너지(secondary energy)
1차 에너지를 가공 변환시켜 얻은 에너지로 최종에너지(final energy)라고도 한다. 2차 에너지에는 전기, 도시가스, LPG, 수소가스, 각종 석유제품(가솔린, 등유, 항공유...), 코크스 등이 있다.
- 고갈성 에너지(exhaustible energy)
한번 쓰면 다시 사용할 수 없는 비순환 자원으로 재생이 불가능한 에너지이다. 고갈성 에너지에 석탄, 석유, 천연 가스, 원자력 등이 있다.
- 비고갈성 에너지(inexhaustible energy)
다시 사용할 수 있는 순환자원으로 무한 재생이 가능한 에너지이다. 비고갈성 에너지에 풍력, 수력, 해양, 태양, 지열, 바이오매스, 폐기물과 같은 에너지들이 있다.
- 신재생에너지(new & renewable energy)
"신에너지 및 재생에너지 개발·이용·보급 촉진법"에 따르면 신재생에너지는 기존의 화석연료를 변환시켜 이용하거나 햇빛, 물, 지열, 강수, 생물유기체 등을 포함하는 재생 가능한 에너지를 변환시켜 이용하는 에너지로 총 11개 분야로 정의되어 있다. 신에너지에는 수소에너지, 연료전지, 석탄 액화·가스화 및 중질잔사유 가스화 등을 포함하며, 재생에너지로는 태양광, 태양열, 풍력, 수력, 해양, 지열, 바이오매스, 비재생폐기물로부터 생산된 것을 제외한 폐기물에너지 등 8개 분야로 이루어져 있다(표 1-4).

표 1-4. 우리나라의 신재생에너지 분류

재생에너지	태양에너지(태양광과 태양열), 풍력, 수력, 해양, 지열, 바이오매스, 폐기물
신에너지	수소에너지, 연료전지, 석탄액화·가스화 및 중질잔사유 가스화 에너지

02

녹색성장

녹색성장이란?

세계는 기후 변화와 에너지 위기 문제를 극복하고자 '지속가능한 발전'이라는 개념을 등장시켰고, 이후 지속가능한 발전을 실현하기 위해 녹색성장이라는 실천 전략을 채택했다.

'녹색성장(Green Growth)'이란 용어는 2000년 영국의 '이코노미스트'지에서 처음 거론 되었고, 다보스 포럼과 UN아시아태평양 경제이사회를 통해서 국제사회로 퍼져나갔다. 우리나라는 2005년 3월 서울에서 열린 UN아시아태평양 환경과 개발 장관회의에서 녹색성장을 새로운 패러다임으로 추진했다. 빈곤을 완화시키기 위한 경제발전과 환경을 훼손하지 않고 보존하자는 모순된 두 개념의 발전 방향을 함께 추진하자는 전략으로 세계 여러 나라들이 각 나라의 상황에 맞게 수용하고 발전시켜 나가는 개념이다.

녹색성장은 과거에 성장과 발전에만 주력했던 패러다임을 바꿔 환경보존을 고려하면서 경제발전을 이루고자 하는 것으로, 환경과 에너지에만 해당되는 것이 아니라, 더 나아가 환경과 에너지를 넘어서 교통, 건축, 문화 등 모든 사회, 경제활동을 포함할 뿐 아니라 개인의 생활양식까지 포함되는 광범위한 개념이다. 즉, 신재생에너지기술과 에너지자원 효율화 기술, 환경오염 저감 관련 기술등 미래의 녹색기술을 신성장 동력원으로 하여 경제와 산업 구조 뿐만 아니라 전반전인 생활 방식을 저탄소, 친환경으로 전환하자는 국가 발전 전략이다. 이제는 환경을 고려하지 않고는 경제 성장이 어려운 단계이므로 앞으로의 경제성장은 환경파괴를 최소화할 수 있는 기술로 전환하고, 그 과정에서 신성장동력과 일자리를 창출하자는 것이다.

지금 선진국들은 자원과 에너지를 확보함과 동시에 효율은 극대화 시키면서 자원을 절감하고 환경오염을 최소화 하는 것이 국가경쟁력의 원천이라 인식하여 녹색기술과 녹색산업으로 전환을 진행 중이며, 우리나라도 녹색사회로 전환을 추진 중이며, 녹색성장을 실현하는데 앞장서고 있다.

우리나라도 환경과 에너지문제뿐만 아니라 기존의 경제성장 패러다임

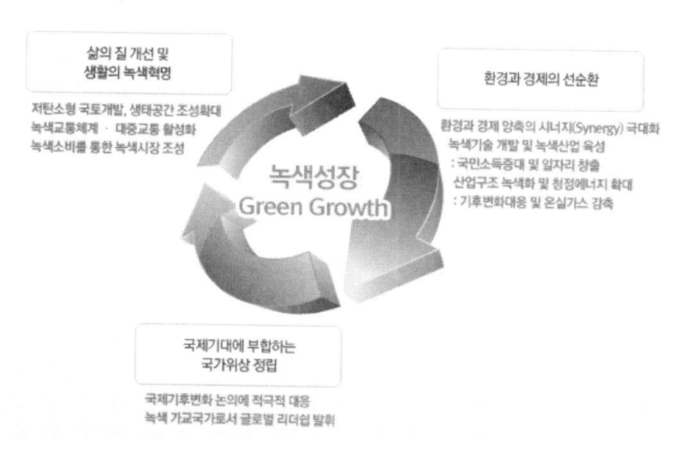

그림 2-1. 녹색성장의 개념도(출처: 녹색성장위원회)

을 친환경적으로 전환하는 과정에 생겨나는 녹색기술들을 기존 산업과 상호 융합하여 신성장 동력과 새 일자리를 창출하는 새로운 성장 패러다임으로 저탄소, 친환경 생활양식 등을 포괄하는 종합적인 국가 비전으로 녹색성장 개념을 제시하였고, 그 내용은 다음과 같다(그림 2-1).

첫째, 환경과 경제의 선순환이다.

경제성장과 환경훼손은 필연적인 관계이나 자원의 효율적인 이용과 환경오염을 최소화 할 수 있는 성장패턴과 경제구조의 전환을 통해 환경과 경제성장이 조화를 이루는 성장으로 시너지 효과를 극대화 한다. 따라서 저탄소형 녹색산업육성, 주요 산업의 녹색화를 추진한다.

둘째, 삶의 질 개선 및 생활의 녹색혁명이다.

우리 생활의 모든 곳 즉, 국토, 도시, 건물, 주거단지 등에서의 녹색생활을 실천하고 녹색산업 소비기반을 마련한다. 대중교통 환승제 도입으로 버스, 지하철, 자전거 등 녹색교통 이용을 활성화시키고, 대중교통 정보를 제공할 수 있는 지능형 교통체계에 기반 한 교통효율 개선 등으로 생활의 녹색혁명을 추진한다.

셋째, 국제기대에 부합하는 국가위상의 정립이다.

세계적 기후변화 회의에 적극 대응함으로서 녹색성장을 국가발전의 새로운 방향으로 설정하고, 개도국과 선진국 간의 가교역할을 할 수 있는 국가로 활동하여 녹색선진국으로 나아간다.

미래의 경제성장 동력원으로 녹색성장의 등장

산업 혁명이 일어난 이후 우리는 화석에너지에 의존해 산업을 발전시켜 왔다. 이런 화석에너지가 고갈되어가고 있고, 지난 수십 년 동안 지구의 온도는 상승하였다. 에너지위기와 지구온난화라는 두 가지 문제를 해결 하고자 전 세계는 지금 새로운 성장전략을 서두르고 있다. 우리나라 또한 경제위기를 타개하고 에너지 자립도를 높이기 위해 녹색성장을 선택하였다.

녹색성장이 등장하게 된 배경은 다음과 같다.

첫째, 세계는 지구온난화로 인한 '환경' 위기에 직면해 있다.

산업화 이후 세계의 평균 기온은 1.1℃ 상승하였고, 이에 비해 우리나라는 1.8℃ 상승하여 세계 평균 온도보다 높은 것으로 나타났다. 기온 상승으로 인하여 가뭄, 홍수, 폭염, 폭설, 집중호우 등 기상이변이 초래되었고, 이같은 기온상승은 한반도 생태지도에 변화를 주고 있으며, 생태계 질서를 파괴하고 인류의 생존을 위협하고 있다.

지구환경 파괴가 가속화됨에 따라 환경에 대한 경각심을 일깨우기 위해 환경에 대한 위기감을 시계로 표현한 것이 환경위기시계이다. 환경위기시계는 일본 환경단체 아사히그라스재단에서 1992년부터 매년 지구환경위기시계를 발표한다. 우리나라도 2005년부터 환경재단이 참여해 한국의 시각과 함께 전 세계의 환경 시각을 발표하고 있다. 환경위기시계란 12시간으로 지구의 환경 상태를 나타낸 것으로 0~3시는 안전한 상태,

그림 2-2. 지구환경위기시계(좌)(출처: 네이버백과)환경위기시계(우)(출처: 환경재단)

3~6시는 불안한 상태, 6~9시는 심각한 상태, 9~12시는 매우 불안한 상태로 위험 상태를 나타낸다. 지구환경시계는 지구 환경의 심각성과 더불어 인류생존의 위기감을 알려준다. 전 세계의 환경위기시각은 1992년 7시 49분으로 기록되었는데 매년 시간이 늘어나 2021년에는 9시 42분, 2022년은 9시 35분을 기록하며 여전히 위험한 상태이다. 2022년 현재 우리나라 환경위기시계는 9시 28분으로 '위험'상태를 나타내고 있다. 이제는 시계의 바늘을 되돌려야 한다(그림 2-2).

둘째, 세계는 자원 고갈과 에너지 위기에 직면해 있다.

전 세계의 경제성장과 더불어 신흥 개발도상국가의 경제개발과 세계인구의 지속적인 증가는 에너지자원의 부족현상을 초래하고 있고, 이에 따른 가격 상승을 가속화 시키고 있다. 화석연료에 의존하는 에너지 소비구조는 자원고갈을 초래하고, 화석연료의 사용은 온실가스 배출량도 함께 증가시킨다. 우리나라의 에너지원별 소비구조를 살펴보면 에너지자원을 전량 수입에 의존하고 있다. 특히 우리나라는 에너지 소비량이 많은 산업구조 때문에 세계 10대 에너지 소비국이고, 2020년 에너지

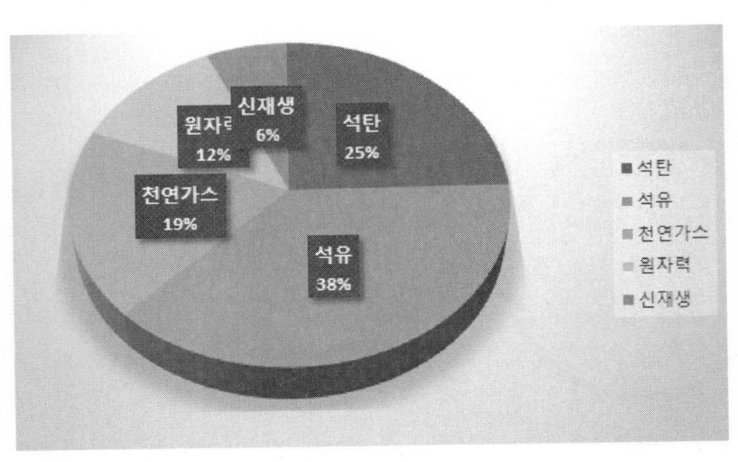

그림 2-3. 에너지원별 소비구조(출처: 에너지경제연구원, 2020)

수입의존도는 92.8%로 국제유가의 가격변동에 경제적인 영향을 많이 받는다(그림 2-3).

셋째, 저성장시대에 새로운 경제성장 동력 창출이 필요하다.

우리나라는 중화학, 전자 등의 주력산업의 발전을 통해 비약적 성장을 거두었으나 최근 경제성장의 둔화로 경제위기에 직면하고 있어 이를 타개할 수 있는 새로운 성장동력이 필요하다.

우리 스스로 기술개발을 통해 국제 유가의 변동에 영향을 받지 않도록 에너지 자립도를 높이고, 기후변화에 대응할 수 있는 친환경 신기술의 개발이 요구되는 현실에서 우리는 녹색성장에 대한 관심과 필요성을 강조해야할 것이다.

녹색성장의 핵심기술

녹색성장은 환경보존, 미래의 경제성장 동력이 될 녹색산업의 확대, 일자리창출 뿐만 아니라 생활 방식의 변화를 통해 국민 삶의 질을 높이고자 하는 전략이다. 녹색성장을 이루기 위해서는 다양한 산업기술들이 필요하다. 추진하고 있는 녹색성장의 핵심적인 기술은 자원재활용기술, 신재생에너지기술, 지능형전력망(스마트그리드)과 에너지절약형친환경주택(그린홈) 등이 있으며, 이러한 녹색 기술들은 환경 문제를 해결하는 데에도 중요하지만 화석연료와 고갈되는 자원 등을 대체할 수 있는 대체에너지 및 자원개발을 통하여 지속가능한 녹색성장을 가능하게 하고 궁극적으로 인류의 삶의 질을 개선하는데 기여할 것이다.

자원재활용기술

산업의 발달로 인해 에너지뿐만 아니라 자원의 고갈까지 영향을 미치고 있다. 우리가 사용했던 많은 제품들은 일차적 수명이 다한 폐기물의 형태로 우리의 삶을 위협한다. 이 폐기물들을 회수하여 효과적으로 처리할 수 있다면 에너지와 자원을 절감할 수 있을 뿐 아니라 이러한 자원순환 방법은 새로운 에너지원 개발 못지않게 중요하다. 모자라는 자원을 해결하기 위해서는 절약과 재활용이 최우선으로 요구된다.

가정과 산업에서 나오는 다양한 생활폐기물들을 재활용하는 것도 그 중 한 방법이다. 이 외에도 '폐금속 자원순환'도 자원순환 방법 중 하나이다. 폐금속 자원순환은 전기, 전자제품, 자동차 등의 생활폐기물에서 금속자원을 다시 회수하는 것을 의미한다. 버려지는 폐가전제품 속에서 다양한 금속들을 회수하는 과정에서 환경에 영향을 미치지 않으면서 금속을 회수할 수 있는 녹색기술들이 필요하다. 폐금속 자원순환은 부족한 자원을 대신할 수 있고, 고갈되어 가는 자원 확보도 가능하다. 즉, 실제로 금광석 1톤에서 1~10 g의 금을 채취하는 반면 버려진 가전제품, 컴퓨터나 폐휴대폰 1톤에서 약 470 g의 금의 회수가 가능하다. 폐전자제품 내 고순도 금속이 미량 포함 되어 있어, 광석의 채굴 및 정련 과정과 비교하면 경제적 효율성이 높다.이렇듯 다양한 재활용기술이 필요함과 동시에 경제성이 확보되어야 한다.

신재생에너지 기술

화석에너지들이 가지고 있는 환경문제와 에너지자원의 고갈문제가 대두 되면서 세계는 탄소 에너지를 대체하는 새로운 미래 에너지자원의 개발을 서두르고 있다. 녹색 성장의 핵심 분야라 할 수 있는 청정에너지 기술이다.

- 재생에너지 : 재생 가능한 에너지를 변환시켜 이용하는 에너지로서

태양열, 태양광 발전, 바이오매스, 풍력, 수력, 지열, 해양 에너지, 폐기물 에너지(8개 분야)

- 신에너지 : 연료전지, 석탄 액화가스화 및 중질잔사유 가스화 에너지, 수소 에너지(3개 분야)

신재생에너지 기술에 대한 자세한 설명은 6장에서부터 다룬다.

지능형 전력망

화석연료의 고갈을 해결하고 에너지 효율을 증가시켜 에너지 자립 사회로 전환을 마련해 주는 녹색기술 중 하나가 지능형 전력망(Smart Grid)이다. 기존의 전력망에 정보기술(IT)을 접목하여, 전력공급자와 소비자가 양방향으로 실시간 정보를 교환하여 에너지효율을 최적화하며, 신재생에너지와 연계하여 전기를 공급하는 새로운 차세대 전력망이다(그림 2-4).

기존의 전력망은 노후되고 중앙에서 공급자 중심으로 단방향으로 전력

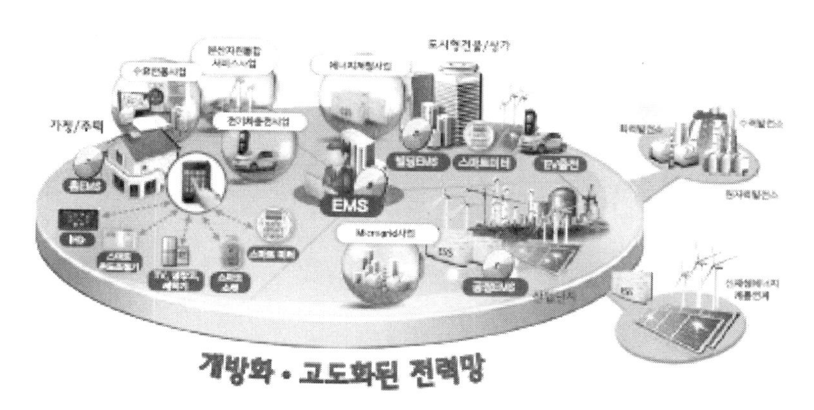

그림 2-4. 스마트그리드 개념도(출처:한국스마트그리드사업단)

그림 2-5. 에너지절약 메카니즘(출처: 한국스마트그리드사업단)

과 정보가 흘러가 에너지를 효율적으로 사용하는 데 어려움이 있었다. 그러나 스마트그리드를 실행하게 되면 양방향 실시간 정보교환으로 전력 공급의 신뢰도를 증가시키고, 전력 수요의 분산 및 실시간 제어들 통한 에너지의 합리적인 소비를 유도할 수 있어 에너지효율을 최적화 할 수 있다. 여기에 풍력, 태양광발전 등 신재생에너지와 연계한 전력도 공급된다. 따라서 에너지 효율 향상을 이룰 수 있고, 소비자의 입장에서 실시간으로 전기 사용량을 알 수 있어 에너지 저소비 사회로 이끌어 이산화탄소의 배출을 줄일 수 있다(그림 2-5). 그러나 개인정보 유출의 단점을 지니고 있으며 스마트그리드체계를 위한 인프라 구축을 위해 장비설치, 인재육성, 에너지저장시스템과의 연계 등 여러 가지 기술들을 보완해야 한다.

국외에서는 스마트그리드를 실행하는 도시들이 몇몇 있고, 우리나라도 제주도에실증 단지를 구축하여 시범적으로 운영하고 있다. 이 운영을 통해 우리나라 실정에 맞는 스마트그리드 규격을 만들고 표준화하여 전국적으로 시행할 것을 목표로 하고 있다.

그린홈

지붕에 설치된 태양열 집열기와 태양전지가 태양 빛으로부터 소리없이 에너지를 흡수하고 있는 주택이 그린홈(Green Home)의 시작이라 할 수 있다. 그린홈이란 태양광, 지열, 풍력, 수소연료전지 등 신재생에너지를 이용해 집안에서 가족들이 생활하는데 필요한 에너지를 자급하고 이산화탄소를 대량 배출하는 화석연료의 사용을 줄여 탄소배출을 '0'으로 하는 친환경 주택이다(그림 2-6). 그린홈은 탄소 배출이 없는 에너지를 사용할 뿐만 아니라 친환경 건축자재와 단열재 이용이나 건물 내부의 조명도 에너지 효율을 적용시켜야 한다. 따라서 최근 조명은 형광등과 백열등에 대한 환경규제가 강화되면서 환경 유해물질을 함유하지 않고 형광등에 비해 에너지 효율도 높으며 수명이 긴 LED(Light Emitting Diode)로 바꾸어 가는 추세이다.

새롭게 짓는 주택이나 건물들은 신재생에너지를 활용하여 건물 내의 필요한 에너지를 어느 정도 충당하는 방법을 채택하는 반면에 기존의 건물들은 리모델링을 통해 에너지 효율을 높이는 단열재나 조명의 사용, 신재생에너지를 활용할 수 있는 방법을 통해 그린리모델링 사업도 추진하고 있다.

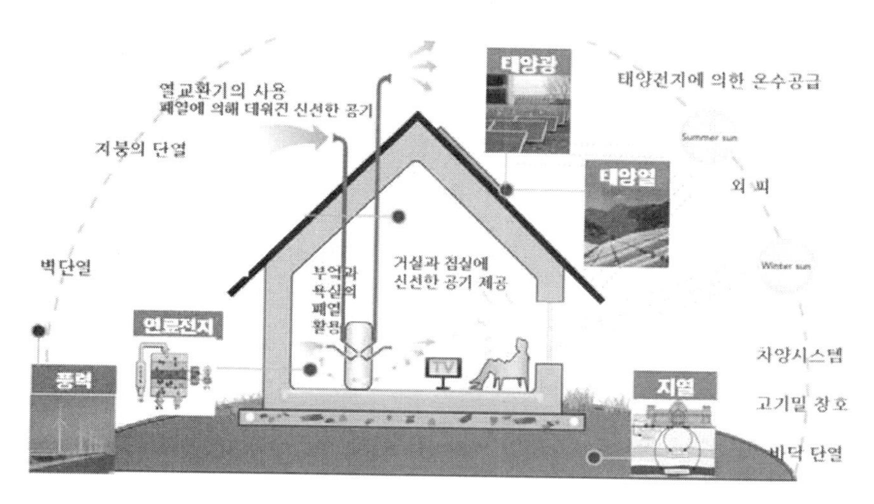

그림 2-6. 그린홈 개념도(출처: 신재생에너지백서, 2012)

새로운 일자리를 창출하는 녹색산업

흔히 녹색성장하면 태양광, 풍력, 바이오연료 등 재생에너지 산업만 생각하는데 녹색성장은 훨씬 더 넓은 영역의 산업을 포함한다. 녹색산업은 경제, 건설, 금융, 교통, 유통, 농업, 관광 등 경제활동 전반에 걸쳐 에너지 자원을 효율화 하고 환경훼손을 줄이는 것으로 저탄소 녹색성장을 이루기 위한 모든 산업을 포함한다. 즉, 녹색산업은 그린에너지산업, 그린 IT 산업, 신성장 동력산업을 모두 포함한다.

그린에너지산업은 태양, 풍력 등 신재생에너지 생산, 이산화탄소의 포집과 저장, 이차전지 개발, 에너지저장시스템(ESS) 등 화석연료의 이산화탄소 배출을 최소화시키는 산업뿐 아니라 태양전지, 소형풍력발전, 히트펌프 등의 효율향상 분야도 포함한다. 그린 IT분야는 스마트그리드구축, IT산업의 녹색화, 친환경 스마트 산단 조성 등을 포함하고, 신성장 동력산업 분야에는 LED, 하수처리, 스마트시티 구축, 녹색유통, 녹색기술 산업, 녹색금융, 생태관광 등을 포함한다.

녹색산업이 발전하면 관련 산업 역시 함께 발전한다. 신재생에너지 제품을 생산하거나 건물의 에너지효율 개선에 필요한 건설인력 등 다양한 일자리가 늘어날 것으로 기대된다. 최근에 각광 받고 있는 몇 가지 녹색산업은 다음과 같다.

생태관광

지구온난화에 따른 기후 변화에 대응하기 위해 다양한 방법으로 노력하고 있다. 이 중 관심을 쏟는 분야가 '숲 가꾸기' 이다. 숲 가꾸기 사업은 맑고 깨끗한 환경을 조성하여 기후변화에 대응하자는 녹색산업의 일환이다.

국민 소득 증대와 주 5일제 시행 등에 따라 여가활동이 많이 늘어나고 있다. 앞으로의 여행이나 체험의 형태는 환경을 보존하면서 자연과 함께 할 수 있는 유형으로 변화해야 한다. 이런 유형의 관광중 하나가 생태관광이다. 생태관광이란 환경파괴를 최대로 억제하면서 자연을 관찰하고 체험하며 즐기는 여행문화, 또는 환경을 보존하면서 지역주민들의 경제를 활성화 시키는 책임 있는 여행이라고 정의한다.

생태해설가와 함께 둘러보며 수준 높은 여행경험을 제공받을 때 자연이 우리에게 얼마나 소중한지 알게되면서 관광객은 저절로 환경보호론자가 되고, 지역주민들은 지역경제 활성화로 삶의 질이 개선되고, 체계적인 환경보존과 관리로 생태환경이 보존된다. 결국 자연환경도 보존하고 지역사회의 소득증대에도 기여하게 되므로 환경과 경제를 동시에 살릴 수 있는 지속가능한 관광이 된다. 예를 들면 순천만 갯벌 생태관광, 창녕 우포늪 관광 등 이다(그림 2-8). 우리나라는 생태관광자원이 풍부하므로 우리의 고유문화와 접목시킨 관광상품을 개발하면 해외관광객 유치도 가능하게 되고 이와 관련된 더 많은 일자리가 창출 되어 녹색성장이 실현될 것이다.

그림 2-8. 순천만(출처: 환경부 생태관광)

다양한 녹색산업들

- 녹색경영(환경컨설턴트): 공장의 제품 생산 전 과정의 환경성평가 및 친환경과 효율적인 경영전략을 제시한다.
- 녹색유통: 공정무역, 생활협동조합, 자원순환센터, 로컬푸드
- 녹색교육: 생태학교, 귀농학교 교사, 생태교육 교구개발
- 환경보전: 환경공학기사, 폐기물처리기사
- 녹색문화: 그린디자인, 환경전문기자, 환경전문출판사
- 친환경패션: 업싸이클링 패션
- 온실가스 진단사, 온실가스배출권 거래사

위의 다양한 녹색산업들 외에도 녹색상품이 있다. 사무용기기, 건설용자재, 생활용품 등 148개 품목에 대해서는 환경부와 한국환경산업기술원에서 환경마크를 인증해 주고 있다. 녹색이 새로운 문화로 자리 잡으면서 다양한 일자리를 창출해 내고 있다.

녹색성장을 위한 주요 국가의 추진전략

녹색성장은 우리나라만 선택한 것이 아니라 에너지 및 자원부족, 기후변화 등 환경위기를 겪고 있는 전 세계가 선택한 전략이다. 선진국들은 이미 자원을 환경친화적이면서 효율적으로 사용하는데 집중하고 있으며, 녹색산업, 녹색기술이 새로운 경제발전의 패러다임으로 자리 잡고 있다. 녹색기술의 육성과 환경규제를 통해 관련 산업의 성장을 이끌어내는 것은 물론, 새로운 시장을 선점하고, 동시에 일자리까지 창출하는 등 발 빠른 움직임을 보이고 있다.

특히 에너지위기를 해결하고자 신재생에너지에 많은 투자를 하고 있

다. 미국과 중국, 유럽의 여러 나라들 모두 에너지문제에 집중하고 있다(그림 2-9). 더 나아가 이제는 기후재앙이라 할 정도로 심각한 지구온난화의 문제로 세계 각국은 한 방향으로 21세기 중반 쯤 탄소중립 목표 달성을 하고자 신재생에너지 활용정책에 더욱 노력하고 있다.

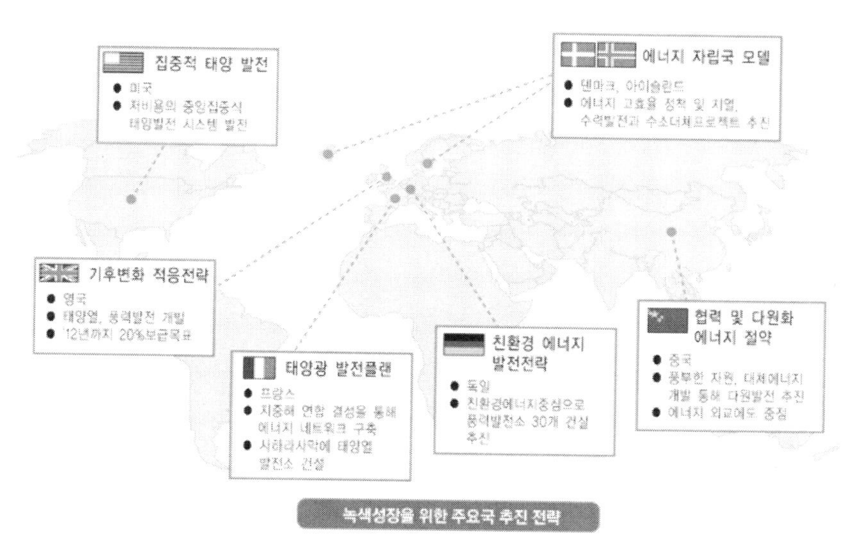

그림 2-9. 녹색성장을 위한 주요 국가의 추진전략(출처: 녹색성장위원회)

03

화석에너지

석탄, 석유와 천연가스 등의 에너지자원을 화석연료(fossil fuel)라고 부른다. 이중에서 석탄은 가장 먼저 발견된 에너지자원으로 12세기경 영국에서 처음으로 발견되어 산업혁명의 계기가 되었고 석유 발견 이전까지 화석연료의 대표 물질로 사용했으나 석유 사용 이후 서서히 감소하는 추세를 보이고 있다. 아직까지도 화석연료가 전 세계 에너지의 3/4을 제공하고 있다.

석탄

석탄의 생성과정

석탄은 여러 가지 식물자원이 땅속에 묻힌 상태에서 열과 압력을 받으면서 오랜 세월이 흘러 서서히 화학적 물리적 변화를 받아서 생성된다. 지금으로부터 약 3억 년 전 고생대 거대한 숲을 형성했던 식물들이 지각변동에 의해 땅속으로 매몰되어 식물체 위에 점차 두꺼운 퇴적물이 쌓이

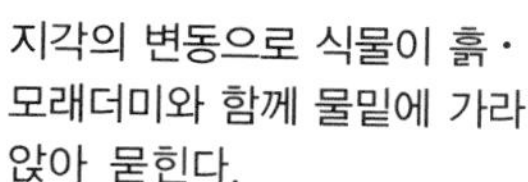

지각의 변동으로 식물이 흙·모래더미와 함께 물밑에 가라앉아 묻힌다.

그 위에서 다시 퇴적층이 이루어지면서 오랫동안 열과 압력을 받게 된다.

수소와 산소는 날아가 버리고 탄소만 남아서 석탄이 된다.

그림 3-1. 석탄의 생성과정(출처: 문경석탄박물관)

고 오랜 기간 동안 지열과 압력을 받아 산소공급이 중단된 상태에서 분해 작용을 거쳐, 식물의 구성 성분으로 들어있던 수소(H), 질소(N), 산소(O) 등의 대부분과 탄소(C)성분의 일부가 메테인(CH_4), 암모니아(NH_3), 수분 등으로 날아가고 남은 탄소가 모여 이탄에서 갈탄, 유연탄, 무연탄으로 변화해서 양질의 석탄층을 형성해가는 것이다(그림 3-1). 이탄은 부분적으로 분해된 식물의 습성물질로 석탄이 아닌 점토물질이다. 갈탄과 역청탄은 퇴적암인 반면, 무연탄은 변성암으로 유황을 적게 포함하고 있고, 매우 깊이 매몰되어 용융암체(마그마) 가까이에서 열과 압력을 받아 더욱 단단하다. 그 위에 탄화가 진행하면 순수한 탄소로 이루어진 흑연이 나온다. 이러한 탄화과정을 위해 필요한 열이나 압력은 보통 채굴하여 도달하는 깊이보다 훨씬 깊은 지각 속에서 일어난다.

석탄의 종류

석탄의 일반적인 분류는 석탄 속에 포함되어 있는 탄소성분과 휘발성 분량(수분과 휘발성 탄화수소화합물의 무게%) 및 총발열량(kcal/kg석탄)을 기준으로 한다, 석탄을 대략적으로 분류하면 무연탄, 유연탄, 갈탄, 이탄 등으로 구분한다. 국내에서 소비되는 석탄으로는 무연탄과 유연탄이 있다.

무연탄은 식물의 석탄화 작용이 가장 오래 진행된 고체 화석연료로 탄화가 가장 잘 되어 연기를 내지 않고 연소하는 석탄을 말한다. 무연탄은 탄소 함유량이 90% 이상이고 연탄으로 가공되어 가정·산업 부문에서 연료로 널리 이용되고 있다.

유연탄은 탄소 함량은 80~90%이고 발열량은 8100 kcal/kg 이상이다. 무연탄에 비하여 발열량 등이 높긴 하나 국내 생산은 전무한 상태이며, 전량을 외국의 수입에 의존하고 있는 실정으로 주된 용도는 화력발전 및 산업용 연료로 사용되고 있다.

갈탄은 유연탄의 일종으로 석탄 중에서 가장 탄화도가 낮으며 발열량이 4,000~6,000 kcal/kg이다. 다른 석탄에 비해 고정탄소의 함량이 적고 대부분 가정연료나 기타연료로 사용된다. 우리나라에서는 두만강 연안과 길주, 명천 지구대의 2-3기층에 주로 분포하고 있다.

석탄의 분포

석탄은 전 세계 여러 곳에 분산되어 넓게 분포되어 있다. 다른 화석연료에 비해 매장량이 풍부하다. 2017년 기준 석탄의 세계 매장량은 약 1,035억톤으로 추정되고 있으며, 북미가 전체 양의 25%를 차지한다(그림 3-2). 우리가 흔히 말하는 매장량이란 지하에 묻혀있는 석탄 전체의 양을 말하며, 그 중 기술적, 경제적으로 캐낼 수 있는 석탄의 양을 가채량이라 부른다. 석탄의 가채년수(可採年數)는 약 200년 정도로 추정되고 있다.

국내의 경우 20세기 초 석탄을 생산하기 시작하여 1990년대 이후 석탄 산업은 쇠퇴해져 몇 개 안되는 석탄광만 운영되고 있다. 2010년 자료에

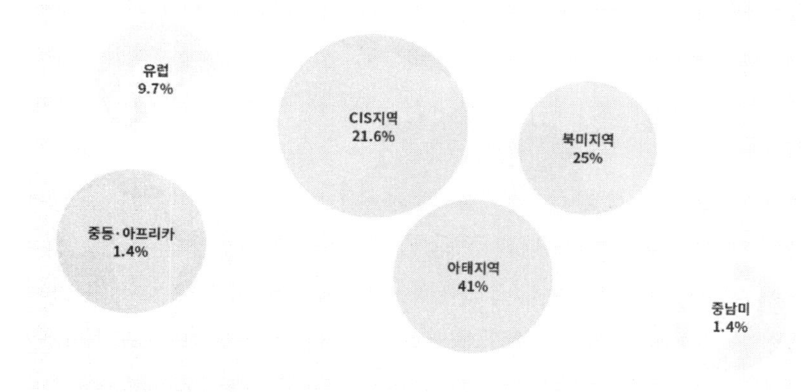

그림 3-2. 세계의 석탄분포도(단위:백만톤)
(출처: 대한석탄공사, BP Statistical Review of World Energy 2018)

그림 3-3. 한국의 석탄분포(출처: 한국에너지기술연구원)

따르면 우리나라의 매장량 중 캐낼 수 있는 양은 약 40% 정도이고, 이미 개발이 중지된 석탄광들을 포함하여 전국의 매장량은 약 14억 톤 정도이다(그림 3-3).

석탄의 이용과 특징

석탄은 산업혁명으로부터 시작된 근대 공업사회를 이룩하는 데 결정적인 역할을 한 에너지원으로 국내에서는 1960, 70년대 산업발전의 원동력이 되었고, 국민의 연료문제를 해결하면서 석탄 사용으로 인한 산림훼손을 예방하며 민둥산의 산림녹화를 이루었고, 고용창출과 에너지수입대체 효과에 의한 외화 절약 등 국가경제에 큰 기여 한 바 있다.

석탄은 분자량이 2000~3000 정도의 복잡한 고분자로 저분자와 회분도 포함하고 있다. 석탄은 석유, 천연가스처럼 탄화수소 화합물 이지만 고체형태로 액체, 기체 연료에 비하여 취급이 불편하고, 채굴이나 수송과 관련해 경제적 부담이 크다. 또한 석유에 비하여 단위 중량당 발열량이 다소 낮고, 환경오염을 유발하는 불순물을 다량 포함하고 있어 석탄의 소비가 감소하게 되었다. 뿐만 아니라 대규모 유전의 발견으로 석탄은 석유와 천연가스로 대체되었다. 그러나 1970년대 석유파동 이후 매장량이 풍부한 석탄이 재등장 하게 되었다.

석탄은 고체, 액체, 기체 상태에 따른 이용으로 구분할 수 있다. 석탄은 가정에서 난방용, 화력발전용, 제철용 코크스에 고체 상태로 이용될 뿐 아니라 석유와 같은 탄화수소로 산업용 화학원료로도 사용된다. 최근에는 석탄을 저공해, 고효율의 가치를 지니는 기체 상태의 새로운 에너지원으로 개발하여 석탄가스화 복합발전(IGCC)에 이용하고자 하는 추세이다.

석탄을 신에너지로

석탄액화·가스화 기술은 석탄을 고온, 고압 조건하에서 가스화한 후 생성된 합성가스를 정제하여 전기, 화학연료, 액체연료 및 수소 등의 고급에너지로 전환하는 복합 기술이다. 석탄 액화기술의 기본원리는 고체 상태인 석탄을 액체연료로 전환시키기 위하여 고온(430-460℃) 및 고압(약 100-280기압)의 조건에서 반응을 거쳐 에너지 밀도가 높고 수송 및 보관이 용이한 디젤을 위주로 한 중질유, 가솔린 등의 청정 합성석유를 제조하는 기술이다. 석탄의 운반과 처리과정의 단점을 극복하기 위한 기술로 이미 세계대전 중에 독일에서 자국의 부족한 항공기 및 휘발유 연료를 충당하기 위하여 최초로 개발되었으며, 현재는 미국, 일본, 영국, 서독 그리고 캐나다와 같은 선진국을 중심으로 경제성 향상을 위한 기술 확보와 품질개선에 대한 연구가 계속 수행되고 있다.

석탄 가스화는 석탄을 고온, 고압 상태에서 한정된 산소와 불완전 연소시켜 일산화탄소와 수소가 주성분인 합성가스를 생성하는 기술로, 석탄 종류 및 반응조건에 따라서 생성 가스의 성분이 달라진다. 석탄 가스화에서 생성된 합성된 가스를 고효율 청정발전에 사용할 수 있도록 오염가스와 분진 등을 제거한 다음 1차로 가스터빈을 돌려 발전하고, 그 다음 배기 가스열로 물을 끓여 증기를 발생시켜 증기터빈을 돌려 발전을 할 수 있다. 이 방법을 가스터빈 복합발전시스템이라 한다.

가스화 복합발전은 석탄 가스화의 가장 대표적인 활용 방법으로 기존 화력발전 대비 대기 오염물질의 배출량을 낮출 수 있고, 자원고갈의 문제와 에너지 손실을 최소화할 수 있는 환경 친화적인 복합발전방식으로 국내에서는 태안 석탄가스화복합발전소(Integrated Coal Gasifcation Combined Cycle, IGCC)가 운영되고 있다(그림 3-4).

앞으로 석탄액화·가스화는 자원고갈 문제와 지구온난화 문제에 대응

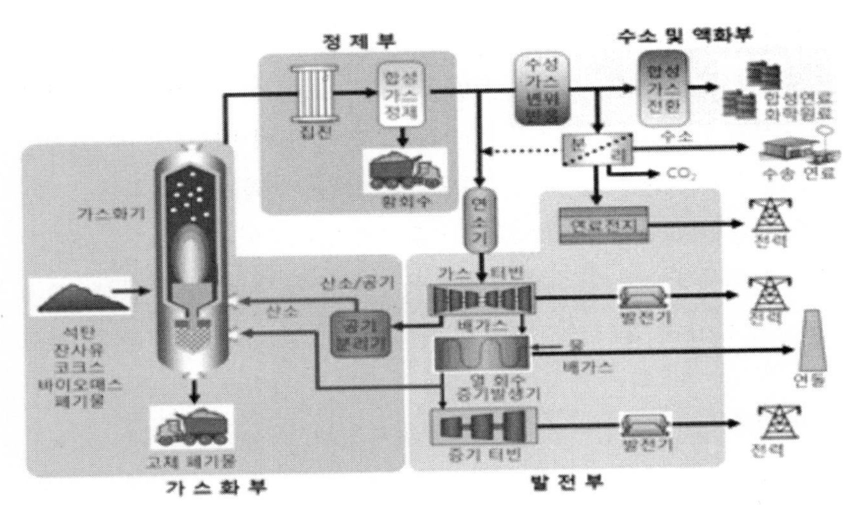

그림 3-4. 석탄가스화복합(IGCC)발전의 공정개요도(출처: 신재생에너지백서, 2016)

하기 위한 근본적인 해결책은 아니지만, 지역적으로 상당히 편재되어 있다는 문제 때문에 공급 및 가격의 불안정성을 지닌 석유를 보완할 수 있으며, 기후변화협약에 따른 환경규제에 대응할 수 있는 새로운 에너지원으로, 화석연료를 대체할 수 있는 에너지자원이 개발되기 전까지 대안으로 사용할 수 있는 기술이라 할 수 있다. 석탄액화·가스화 기술개발은 고효율 가스터빈, 연료전지, 수소생산, 이산화탄소 제거 등 석탄을 활용한 미래 발전기술의 기반확립 및 수소경제시대 대비가 가능한 차세대에너지 기술로 주목 받고 있다.

석유

석유의 생성과정

원유(crude oil)는 지하의 유전에 고인 천연의 광유로 이를 정제하여 여러 가지 석유제품을 얻을 수 있다. 그러나 일반적으로 석유(petroleum)를 원유와 석유제품을 함께 일컫는 명칭으로 사용하고 있다.

석유가 생성되어진 원인에 대해서는 여러 가지 학설이 있다. 아직까지 확실한 이론이 정립되지 않았으나, 지금까지의 학설은 무기성인설(無機成因說)과 유기성인설(有機成因說)로 대립되고 있다.

무기성인설은 지하의 금속탄화물과 물이 고온, 고압 하에서 반응하여 탄화수소가 되었다는 설과 지하에서 탄화수소와 물이 황과 섞이면서 고온, 고압으로 반응하여 탄화수소를 생성했다는 학설이고, 유기성인설은 태고에 지하에 매몰된 유기물이 토양의 미생물에 의해 분해되고 지열과 지압에 의해 탄화수소로 변성되었다는 설이다. 현재 발견되고 있는 대부분의 석유는 태고 때 얕은 바다나 호수 등에서 물밑에 퇴적된 유기물 지층 속에서 발견되고 있어 유기성인설이 가장 유력한 것으로 되어 있다.

석유의 개발

석유는 지각을 구성하고 있는 지층 속에 모두 포함되어 있는 것이 아니라 거친 입자 형태로 틈이 많은 사암이나 석회암과 같은 암석으로 되어 있는 지층에 많이 함유 되어 있으며, 석유를 저장하고 있는 암석을 저류암이라 한다.

석유를 생산 개발 하는 과정은 유층을 찾는 탐사단계, 다음은 시추를 통해 유전의 매장량과 생산량을 평가 예측한 다음 유전개발 계획을 수립하고, 생산 시설을 건설하여 원유를 생성한다(그림 3-6).

석유 굴착의 뿌리는 고대에 우물을 파는 것으로부터 유래 되었다. 15세기말 프랑스에서 오일샌드(oil sand)가 발견돼 석유를 뽑기 위해 지층의 깊이를 15-20 m까지 뚫은 것이 석유를 발견한 시초가 되었으나 세계 최초의 상업적인 유정을 발견한 시기는 1851년 미국 펜실베니아주 타이터즈빌이란 곳에서 시작되었다.

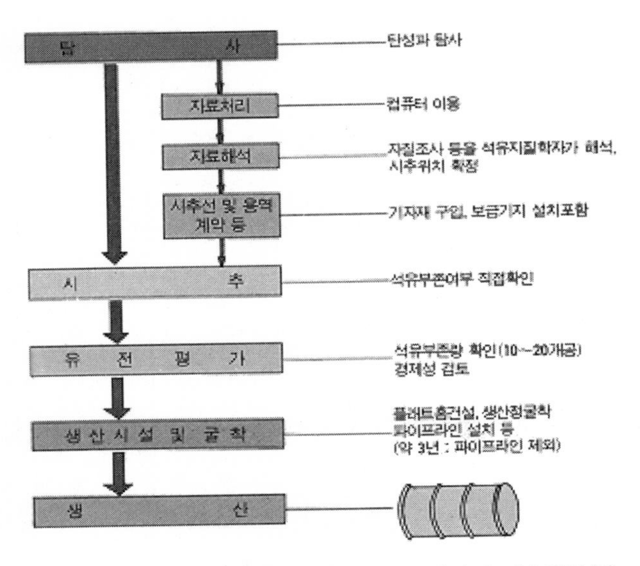

그림 3-6. 석탄의 개발과정(출처: 한국에너지 기술연구원)

석유의 매장량은 BP(British Petroleum)사의 2016년 말 통계에 의하면 전 세계적으로 약 1조 7067억 배럴이 매장되어 있는 것으로 추정되며, 그 가채년수가 약 50년인 것으로 분석되고 있다. 석유 매장량을 지역별로 살펴보면, 중동이 47.7%, 중남미 19.2%, 북미 13.3% 유럽과 유라시아 9.5%, 아프리카 7.5%로 석유는 중동 편재가 심한 것으로 나타나고 있다.

원유의 정제와 석유제품

구약성서에 나오는 '노아의 방주'는 배의 방수를 막기 위해 역청을 사용했다고 기록하고 있으며, BC500년경 고대 페르시아 사원에서는 어둠을 밝히기 위해 석유를 사용하여 항상 꺼지지 않는 등불을 밝혔다. 이렇듯 석유는 오래전부터 전 세계 국가에서 이용되어 왔다. 그 당시에는 약용, 도장용, 포장용이나 종교적인 의식에 사용하는데 불과했으나, 그

후 주로 조명과 윤활용으로 사용되었다. 근세사회에 들어서면서 자원으로서의 경제적 가치가 확인되면서 유정을 파서 시추에 성공한 이후부터 석유의 사용은 급속히 늘어나기 시작했고, 19세기 후반 이후에는 자동차, 선박, 항공기 등 석유를 연료로 하는 각종 내연기관이 발명되면서 석유는 점차 수송용 연료로 사용되었다

석유는 가스와 별도로 매장되어 있는 일은 거의 없고, 가스가 녹아 있는 상태로 경질유와 함께 있다. 석유는 탄소와 수소의 결합상태에 따라 여러 종류의 탄화수소를 포함하는 혼합물이다. 가장 간단한 탄화수소는 탄소1개와 수소4개가 결합한 메테인(CH_4) 분자이고, 좀 더 크고 복잡한 탄화수소는 골격을 이루는 탄소들이 사슬모양(헥산), 고리모양(벤젠)으로 연결되어 있다. 석유에는 탄화수소 외에도 유기물의 구성 성분인 황, 질소, 수분과 금속 등을 미량 포함하고 있다.

석유정제란 원유의 주성분인 탄화수소 혼합물을 끓는점의 차이를 이용하여 원유를 분리하고, 분리된 탄화수소를 분해와 개질 등의 공정을 거쳐 각종 석유제품과 일반제품을 제조하는 것을 말한다. 원유의 주성분들은 각각 다른 끓는점을 가지고 있어 상온, 상압에서 원유를 가열하면 분별 증류되어 끓는점이 낮은 LPG(-42℃~25℃)부터, 휘발유와 나프타(40℃~150℃), 등유(150℃~240℃), 경유(220℃~250℃), 윤활유(250℃~350℃), 중유(350℃ 이상)의 순서대로 증발하여 기화된다. 이것을 식혀 차례로 용기에 담으면 여러 종류의 탄화수소가 끓는점의 차이에 따라 분리된다. 이렇게 뽑아낸 여러 종류의 탄화수소들은 황이나 불순물을 함유하고 있기 때문에 이것을 제거하며, 또 촉매를 첨가하여 탄화수소를 반응시켜 성질이 다른 탄화수소를 만들어내는 분해, 개질 과정을 거쳐 양질의 석유제품이 만들어내는 것이다(그림 3-7).

석유는 LPG, 휘발유, 나프타, 등유, 경유, 중유 등으로 분리하여 각종 수송용 연료로 사용하고, 용제 및 플라스틱, 합성섬유, 살충제, 약품

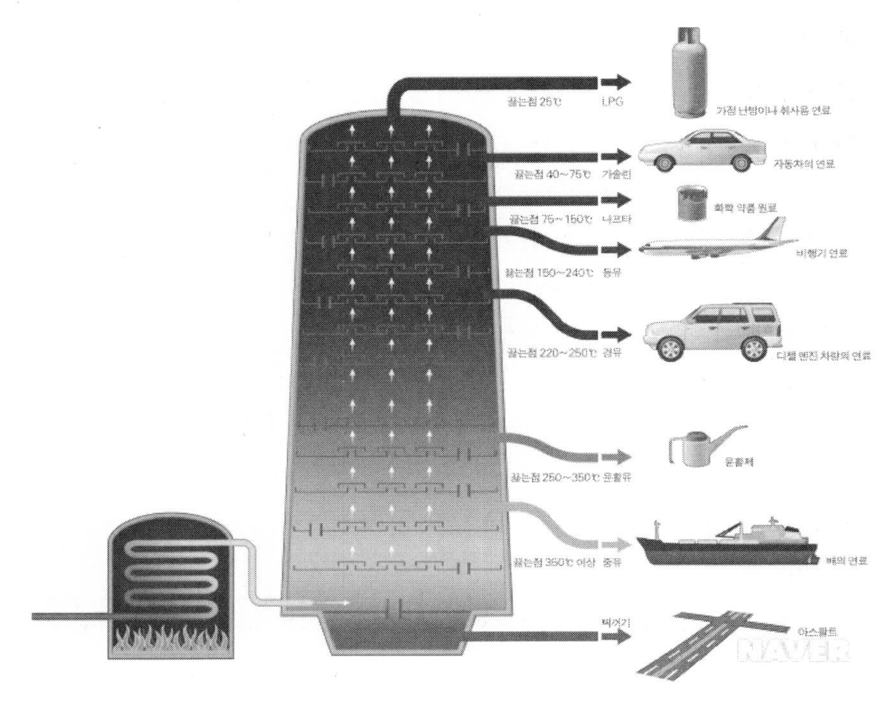

그림 3-7. 석유제품(출처: 네이버 지식백과)

등 산업용원료로 광범위한 부문에서 사용하고 있다. 또한 석유는 가정과 산업에서의 에너지원으로 우리 산업발전의 원동력이 되었다고 할 수 있다.

석유의 수송

석유생산은 주로 중동, 아프리카, 구소련연방, 남미 등지에 한정되어 있는 반면, 석유의 소비는 미국, 서부 유럽, 아시아 등 대부분의 지역에서 이루어지고 있어 석유 생산지에서 소비지로의 수송은 매우 중요한 단계 중 하나이다. 생산지에서 소비지로의 석유 수송은 대부분 송유관(Oil Pipeline)과 유조선에 의해 이루어진다.

송유관은 원유 또는 석유제품을 일정지점으로부터 목적지점까지 수송하는데 필요한 배관설비를 말하고, 철도나 도로와 같은 대체 수송에 비해 비용이 저렴해서 대륙 간 운송수단으로 사용되고 있다. 가장 규모가 큰 송유관시스템은 북미와 구소련 지역에 위치하고 있고, 유럽의 송유관 시스템은 규모가 훨씬 작고 단거리를 연결하는데 이용되고 있으나 이 역시 중요한 운송 방법이다.

유조선을 이용한 석유수송은 일정한 항로를 따라 이루어지고 있고 수송 도중 운하나 해협을 통과해야 한다. 우리나라는 원유를 대부분 중동에서 수입하여 남부해안지역에서 85% 이상을 정제하고, 수도권을 중심으로 한 주요 내륙의 소비지로 공급하기 때문에 석유제품의 장거리 수송이 불가피하다.

국민의 생활수준 향상에 따라 경질유를 중심으로 한 석유소비는 급격히 증가하고 있는 추세이나 도로, 철도, 항만 등 수송여건의 과밀현상이 한계점에 이르러 석유의 원활한 공급이 어려운 실정이다. 또한 대형 유조차의 장거리 운행으로 도로의 파손, 매연, 소음이 심하며, 유조선 운반 과정 중 해상유류 누출 등 기존의 석유 수송체계에 의한 환경오염은 개선되어야 할 과제이다.

천연가스

천연가스의 생성과정과 특징

천연가스(Natural Gas, NG)는 석탄이나 석유와 같이 지금부터 약 35억 년 전에 살던 생물이 묻혀서 만들어진 화석연료로 지하에 혼합기체로 매장되어 있다. 천연가스만 매장되어 있는 경우도 있지만 보통은 석유와 함께 매장되어 있어, 석유를 채굴하는 것과 마찬가지로 시추공을 바다 밑이나 땅 속 깊이 박아 천연가스를 채굴한다. 또한, 천연가스의 생성과정은 석유와 유사하여, 석유가 생산될 때 함께 섞여서 생산되기도 하나 대부분 별도로 생산된다.

천연가스는 약 1000년 전부터 중국 사람들이 대나무 통을 땅 속에 박아 가스를 채집하여 소금 제조와 취사에 사용했다는 기록이 있을 정도로 사용 역사가 오래되었다. 1802년 이태리 제노아에서 가스로 가로등을 켠 것이 유럽에서 최초로 가스를 상업적으로 이용한 것이며, 1821년 미국 뉴욕 주의 프레도니아(Fredonia)에서 가로등, 가정 및 공업용 연료로 사용하기 시작하였다. 그 당시에는 가스 값보다 가로등을 점등하는 인건비가 더 비싸서 가로등을 하루 종일 켜 놓았었다고 한다.

초기단계에는 천연가스를 생산지로부터 소비지로 수송하는 적당한 방법이 없었기 때문에 가스전에서 그대로 태워 버렸으나 제2차 세계대전 이후부터 용접기술과 배관제조기술이 발달함에 따라 가스를 생산지로부터 소비지까지 파이프라인을 부설하여 수송할 수 있게 되면서 본격적으로 천연가스를 사용할 수 있게 되었다.

천연가스는 가연성의 가스로 주요성분은 80~85%가 메테인(CH_4)가스이고 프로판, 부탄 이외에 탄산가스, 황화수소 등이 함유되어 있다. 또한 천연가스는 기체 상태이기 때문에 많은 양을 한곳에 저장하는데 어려움이 있을 뿐만 아니라 파이프라인을 통한 수송 이외에는 대량으로 운반하는 데에 큰 문제가 되었었다. 그러나 현재는 천연가스 액화 기술이 개발되어 대량저장과 원거리 대량수송이 가능하게 되었다. 천연가스가 생성될 때 포함된 황화수소와 질소 같은 불순물을 제거한 후 영하 162℃의 아주 낮은 온도에서 액화시켜 부피를 줄인 액화천연가스(Liquified Natural Gas, LNG)가 얻어지면 필요한 곳으로 수송한 후 다시 기화시켜 사용한다. 천연가스는 액화과정에서 대기오염 유발물질들이 상당부분 제거되어 연소시키면 대기오염과 지구온난화의 원인이 되는 황산화물,

질소산화물, 이산화탄소 등의 배출이 석탄, 석유에 비해 매우 적다. 이점 때문에 천연가스는 최근 들어 청정에너지로 부각되는 에너지원 중 하나이다.

천연가스의 세계적인 가채매장량은 약 187조 m^3로, 러시아가 최대 매장량을 보유하며, 중동지역에 편재되어 있어, 지구상에 존재하는 천연가스는 무한정 사용할 수 없으며, 현재 사용하고 있는 추세대로라면 약 53년간 사용할 수 있다.

우리나라는 1986년 인도네시아에서 LNG를 수입하여 도시가스용으로 처음 도입되기 시작한 이래로 사용량이 점차 증가하는 추세이다.

우리도 산유국-동해가스전

1987년 12월 4일. 우리나라 대륙붕에서 역사상 최초로 천연가스가 분출되었다. 우리나라는 동해-1 가스전 개발을 통해 세계 95번째 산유국이 되었으며, 석유개발사업의 획기적 전환점을 마련한 쾌거라고 할 수 있다.

국내 대륙붕 동해-1 가스전은 1998년 7월 고래5구조 탐사시추(1공)에 성공하여 2002년 3월 15일 생산시설을 착공 하였으며, 2004년 7월 11일 생산을 개시하였다. 2005년 초에는 동해-1 가스전 남쪽 2.5 km 지점에서 약 508억 ft^3의 매장량을 가진 새로운 가스전(동해-2가스전)이 발견되어 동해-1가스전과 연계하여 천연가스를 생산하여 왔으나 2021년 12월 동해가스전의 가스공급이 최종 종료된 상태이다.

동해가스전 개발은 우리에게 첫째, 국내 최초의 상업적 가스전으로 국내대륙붕에서 석유자원의 존재를 입증함과 동시에 우리나라에 산유국의 꿈을 실현시켜 주었다. 둘째, 고용창출과 더불어 부가가치산업 등 국가 경제 활성화에 크게 기여하고 있다. 셋째, 동해가스전 개발을 통해 탐사에서 시추, 개발, 생산에 이르는 모든 과정의 석유개발기술을 확보하여 해외석유개발사업 진출에 더욱 경쟁력을 갖추게 되었다. 현재 생산이 종료 된 동해가스전은 가스를 시추하고 남은 지하공간에 이산화탄소를 주입하는 탄소저장소로 활용하는 계획을 가지고 있으며, 동해가스전을 대신할 새로운 가스전을 찾기 위해 탐사를 진행 중이다.

다양한 용도의 천연가스

초기의 천연가스 용도는 가스등이 중심이었다. 그러다 19세기말에 에디슨이 전구를 발명하자 전기등에 밀려 가스등의 수요는 점차 줄어들었고 그 뒤로 가스는 열에너지용으로 새로운 활로를 찾게 되었다. 따라서 이때부터 전기는 조명, 천연가스는 에너지원이라는 용도의 구분이 생겼다. 국내의 에너지 소비 중 10% 수준을 차지하고 있는 천연가스는 전국적으로 도시가스 배관망을 통해 공급하며, 높은 발열량으로 가정용, 산업용 및 발전용 등 이용분야가 다양하다.

- 발전과 도시가스

  천연가스가 가장 많이 이용되는 부분은 발전과 도시가스다. LNG 발전은 환경규제가 심한 대도시에서 대기오염을 방지 할 수 있는 발전방식으로 가장 적합하며, 전력 피크시 공급을 조정하는 역할에 큰 비중을 차지하고 있다. 또한 LNG 열병합발전으로 이용될 때 열효율도 우수한 특성을 지니고 있다. 즉, 대도시의 지역 냉난방을 겸비한 열병합발전은 에너지의 효율적 이용으로 21세기에 가장 기대되는 에너지 시스템의 하나이다.

- LNG 산업용 연료

  기존의 석탄, 석유 등의 비중을 줄이고 LNG를 여러 가지 공정에 이용하게 될 때 생산성 향상, 공해방지, 품질향상, 작업환경 개선 등에 기여하고 있다.

• 천연가스버스

국내의 대기오염 저감을 위해 2000년 6월부터 월드컵 개최도시를 중심으로 천연가스버스가 운행되기 시작했다(그림 3-8). 천연가스차량은 이산화탄소와 대기오염물질의 배출이 적은 친환경적인 운송수단으로 국내의 천연가스차량은 현재 CNG(Compressed natural gas)버스로 운행되고 있다.

그림 3-8. CNG천연가스버스

• LNG 냉열 이용 산업

천연가스의 새로운 이용기술로서 LNG냉열(冷熱)을 이용하는 방법이 있다. 천연가스는 현지에서 영하 160℃까지 냉각시키면 액화된 LNG가 되고, 사용지에 도착되면 LNG는 기화기 장치에서 가스로 되돌려서 가정이나 공장 등으로 보낸다. 이때 LNG가 원래의 가스로 되돌아갈 때, 즉 영하 160℃의 저온에서 0℃로 기화하는 과정에서 LNG 냉열은 1 kg당 약 0.23kwh 전기에너지를 대신할 수 있는 열을 발생한다. 이 냉열을 이용하는 기술이 개발되어 냉열산업으로 활용되고 있다. LNG냉열을 이용하여 발전을 하거나 공기를 액화시켜 액체산소, 액체질소 및 액체 드라이아이스 등을 만들기도 한다. 냉열을 이용해 급속 냉동으로 영하 60~80도의 초저온 냉장고로 의약품들을 보관할 수도 있고, 저온 보관으로 식품의 신선도를 효율적으로 유지할 수 있다. 또한 식품이나 의약품뿐만 아니라 데이터를 보관할 때도 냉열을 이용해 안정적으로 데이터를 유지할 수 있도록 한다. 냉열은 고무, 플라스틱 및 금속을 저온 분쇄하여 가공 처리하는데 이용되기도 한다. 그 외에도 지역냉방 등에 값싼 냉열을 효과적으로 이용하기 위한 연구와 기술개발 중에 있다.

불타는 얼음, 가스 하이드레이트

가스 하이드레이트(Gas Hydrate)는 21세기의 신에너지자원으로 빙하기 시대 이후 해저 또는 동토지역에 고압, 저온으로 형성된 메테인의 수화물을 말한다. 외관이 드라이아이스와 비슷하나 불을 붙이면 타는 성질이 있어 '불타는 얼음'으로도 불린다(그림 3-9). 가스 하이드레이트가 알려진 것은 1930년대였으나 당시에는 원유나 천연가스가 풍부해 하이드레이트 개발에 별다른 관심을 갖지 않았다. 그러나 점차 에너지자원이 고갈되고 있고 세계 각국의 환경보호 정책에 따라 청정에너지에 대한 요구가 확산되면서 가스 하이드레이트에 대한 관심이 집중되기 시작했다.

그림 3-9. 동해에서 채취한 가스하이드레이트와 연소장면
(출처: 가스하이드레이트 개발사업단)

고체상태 가스 하이드레이트 1 mL는 표준상태의 메테인 170 mL에 해당되므로 농축시킨 천연가스라 할 수 있다. 전 세계 가스 하이드레이트의 추정 매장량은 약 10조 톤 이상이다. 지하에 매장된 석탄, 석유, 가스양의 거의 2배에 가까운 가스 하이드레이트가 막대한 양 존재하는 것으로 알려져 있다(그림 3-10). 또한 지역적 편중이 심하지 않으며, 연소 시에 이산화탄소 발생량이 석탄과 석유에 비해 적어 청정에너지원이라 할 수 있다.

현재 일본과 미국, 인도, 중국 등 여러 국가에서 채굴을 시도하고 있다. 2011년 중국은 가스 하이드레이트를 채취했다고 보도하였고, 전통 화석연료를 대체하기 위한 연구 개발에 박차를 가하고 있다. 2007년 우리나라에도 동해 깊은 바다에서 가스 하이드레이트를 찾았고, 가스 하이드레이트가 약 6억톤 매장되어 있는 것으로 추정되고 있으며, 이 매장량은 우리나라 천연가스 소비량의 30년분에 해당하는 되는 것으로 조사되었다. 2015년까지 시추사업을 진행했으나 현재는 중단된 상태이다.

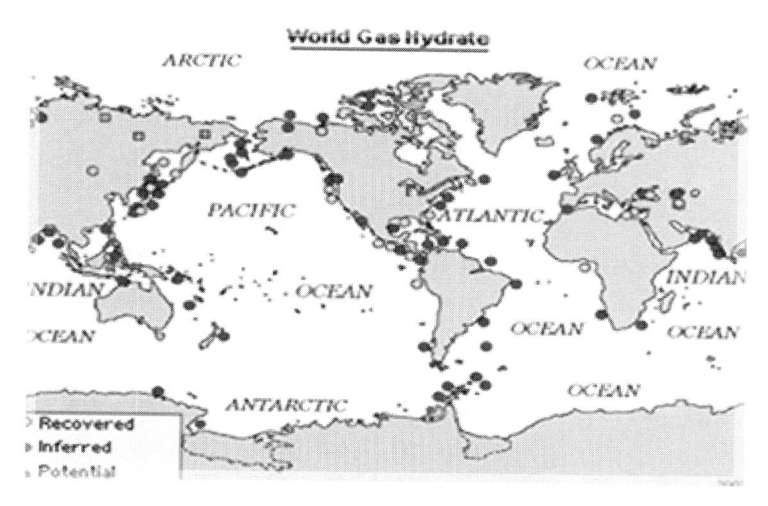

그림 3-10. 세계 가스하이드레이트 부존지역(출처: 가스하이드레이트 개발사업단)

가스 하이드레이트는 압력, 온도 등 주변여건이 맞아야 축적이 될 수 있으며, 불안정한 상태로 존재해 주변 여건이 변하면 지상으로 방출될 수도 있고, 채굴할 때 고체에서 가스를 분리하는 과정 또한 쉽지 않아 지상으로 메테인 가스가 방출되면 지구환경에 악영향을 줄 수도 있다. 따라서 가스 하이드레이트를 상용화하기 위해서는 여러 가지 기술적인 문제를 해결해야 한다. 전 세계적으로 가스 하이드레이트의 개발은 아직 기초연구로 진행되고 있으며, 자원을 탐색하는 단계에 머물고 있다. 아직은 에너지원으로 이용하지 못하고 있으나 러시아의 시베리아와 같은 영구동토지대와 심해저의 퇴적물 또는 퇴적암에 광범위하게 분포되어 있어 잠재적 에너지원으로 알려져 있다.

에너지시장의 대세 셰일가스

최근 고유가의 지속으로 인하여 셰일가스(Shale Gas) 사업에 대한 관심이 증가되고 있다. 셰일가스는 지하 퇴적암인 셰일층에서 생산되는 천연가스를 말한다. 셰일이란 우리말로 혈암(頁岩)이라 하는데, 입자 크기가 작은 진흙이 뭉쳐져서 형성된 퇴적암의 일종으로 셰일가스는 이 혈암에서 추출되는 탄화수소가 풍부한 가스를 뜻한다. 보통 천연가스는 셰일층에서 생성된 뒤 지표면으로 이동해 한 군데에 고여 있는 가스(전통가스)이나, 셰일가스는 천연가스보다 훨씬 깊은 곳에 있으며, 투과하지 못하는 암석의 미세한 틈새에 넓게 퍼져 이동하지 못한 채 셰일층에 갇혀 있는 가스(비전통가스)이다.

셰일가스는 난방·발전용으로 쓰이는 메테인 70~90%, 석유화학 원료인 에테인 5%, LPG 제조에 쓰이는 콘덴세이트 5~25%로 구성되어 있다. 유전이나 가스전에서 채굴하는 기존 가스와 화학적 성분이 동일해

난방용 연료나 석유화학 원료로 사용할 수 있다.

천연가스는 수직시추로 채굴하지만, 셰일가스는 퇴적암층 사이에 갇혀 있어 수직시추가 불가능하여 수평시추를 통해 채굴해야 한다. 따라서 1800년대에 셰일가스가 발견되었음에도 불구하고 이와 같은 기술적 제약 때문에 오랫동안 채굴이 이루어지지 못했다. 경제적, 기술적 제약으로 채취가 어려웠던 셰일가스는 2000년대 들어서면서 미국을 중심으로 셰일층에 수평으로 삽입한 시추관을 통해 물과 모래, 화학약품을 섞은 혼합액을 고압으로 분사하여 암석에 균열을 일으켜 채굴하는 수평시추 수압파쇄법이 상용화되면서 신에너지원으로 급부상했다. 셰일가스는 중국, 아르헨티나, 미국, 중동, 러시아 등 세계 31개국에 약 187조 4,000억 m^3가 매장되어 있는 것으로 추정되는데, 이는 전 세계가 향후 60년 동안 사용할 수 있는 양이다. 매장량은 중국이 가장 높으나, 미국이 셰일가스 최대 생산국이며, 셰일가스 추출에 대한 여러 기술을 보유하고 있어 셰일가스의 생산은 계속 상승할 것으로 예측되며, 미국은 기존의 석유, 천연가스에 셰일가스까지 합하면 전 세계에서 가장 많은 에너지를 생산하고 있다.

그러나 셰일가스가 깊은 지층에 매장되어 있어 채취할 때 사용된 화학물질이 지하수에 스며들어 수질오염과 토양오염 등의 환경오염을 일으킬 수 있으며, 일반 천연가스보다 이산화탄소 등의 오염물질이 많아 지구온난화에 영향을 미칠 수 있는 문제점을 가지고 있다. 또한, 셰일이 포함된 지층을 완전히 균열시켜 가스를 얻는 것이기 때문에 유발 지진에 대한 문제도 지적되고 있다. 따라서 셰일가스에 대한 비판적 시각과 친환경정책 때문에 규제가 필요할 것으로 보인다.

04

원자력에너지

원자력은 인류에게 축복일까?

원자의 핵분열 원리를 이용해 핵폭탄이 제조되었고, 두 발의 원자폭탄이 1945년 일본에 투하되었다. 도시는 폐허로 변해버렸고 수십만 명이 사망하는 등 참혹한 결과가 초래되자 사람들은 원자력을 부정적으로 보기 시작했다.

원자력을 평화적으로 사용할 수 있는 방법을 모색하던 중 핵분열 원리를 에너지생산에 이용하게 되었다. 원자력에너지는 우라늄과 같은 하나의 무거운 핵이 중성자와 충돌하여 질량이 작은 두 개의 핵으로 쪼개지는 핵분열이 연쇄적으로 일어날 때 생성된다. 이 과정에서 막대한 양의 에너지가 발생되기 때문에 핵분열을 제어할 수 있는 원자로를 이용하여 전기를 생산할 수 있는 에너지원으로 개발되었다.

원자력발전은 전적으로 전력을 생산하는데 사용되고 있다. 1954년 소련의 5000kW급 원자력발전소가 최초로 가동되기 시작한 이후 2020년 기준으로 전 세계에 442기 이상의 원자로가 운영되고 있다. 원전은 화석연료를 대체하고 전력을 생산할 수 있는 미래의 새로운 에너지 대안으로 생각되었으나 1986년 체르노빌 원전사고, 2011년 후쿠시마원전사고와 같이 원자력발전소에서 발생되는 크고 작은 사고들로 한 때 전세계는 탈원전 움직임이 강하게 일어나기도 했다. 그러나 현재 지구 곳곳에서 일어나는 심각한 기후위기 현상과 2015년 파리협약에 따른 탄소중립 목표를 달성하기 위한 방안으로 원전이 다시 주목받기 시작했다. 그 일환으로 EU는 2022년 발표에서 조건부이지만 그린텍소노미(녹색분류체계)에 원전을 포함시켜 저탄소 에너지 공급원으로서 원자력의 이용확대 정책을 채택했다.

화석연료나 원자력을 대체할만한 미래의 확실한 에너지자원을 찾지 못한 상황에서 에너지에 대한 해외의존도가 높은 우리나라는 에너지자원 확보의 문제가 더 크게 다가올 것으로 본다. 경제성장을 위한 에너지 수요는 계속 증가할 것이고, 4차 산업혁명시대가 도래하면 전기는 더욱 필요하게 되므로 전력 소비는 해마다 큰 폭으로 늘어날 것이다. 이런 상황에서 안정적인 전력공급을 위해 원자력발전을 더 늘려야 한다고 주장하고 있는데 과연 원자력으로 얻어진 발전의 혜택이 원자력을 사용했을 때의 감당할 비용과 위험을 무마시킬 수 있는지, 원자력이 인류에게 축복인가를 생각하지 않을 수 없다.

원자력으로 만든 전기

우라늄과 같은 하나의 무거운 핵이 중성자와 충돌하여 질량이 작은 두 개의 핵으로 나누어지는 핵분열(nuclear fission)이 일어날 때 매우 작은 질량의 변화가 일어나면서 2~3개의 중성자와 함께 막대한 양의 에너지를 생성하는데 이 에너지를 원자력이라 한다(그림 4-1). 방출된

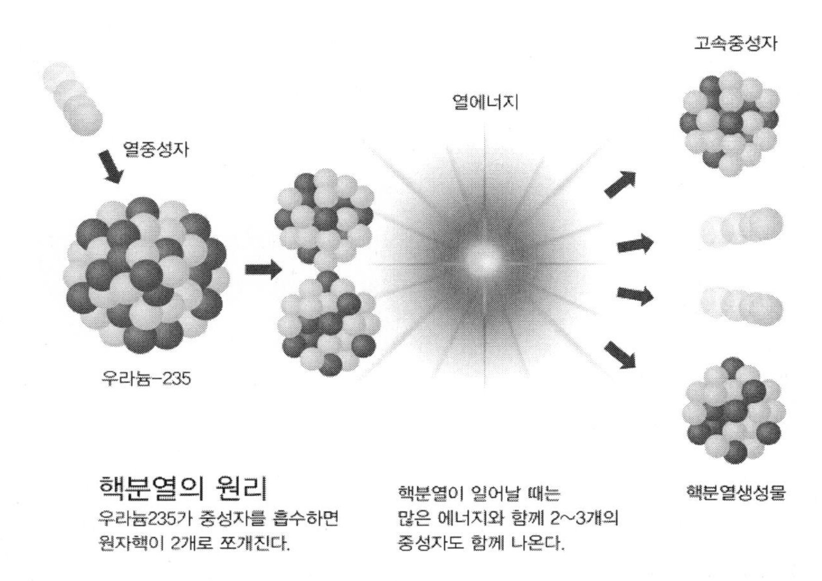

그림 4-1. U-235의 핵분열 원리 © 국제원자력안전학교(출처: 한국에너지정보문화재단)

중성자는 다른 우라늄-235(U-235)와 충돌하여 부가적으로 분열과정이 일어나게 되고 매 충돌마다 더 많은 중성자가 발생되면서 핵분열은 연쇄반응(chain reaction)을 일으킨다.

핵분열 반응

$$_{92}U-235 + {}^{1}n \rightarrow {}^{141}Ba + {}^{92}Kr + 2{}^{1}n + E$$

핵분열로 발생된 열에너지는 물을 수증기로 바꾸어 증기터빈을 돌려 전기를 생산한다. 이 과정은 화력발전과 같은 원리로 전력을 생산한다(그림 4-2). 다만 화력발전소는 석탄 및 기타의 화석연료를 연료로 사용한다면 원자력발전은 자발적으로 핵분열이 일어나는 우라늄과 플루토늄을 연료로 사용한다.

그런데 자연계에 천연으로 존재하는 우라늄은 분열이 쉽게 일어나지

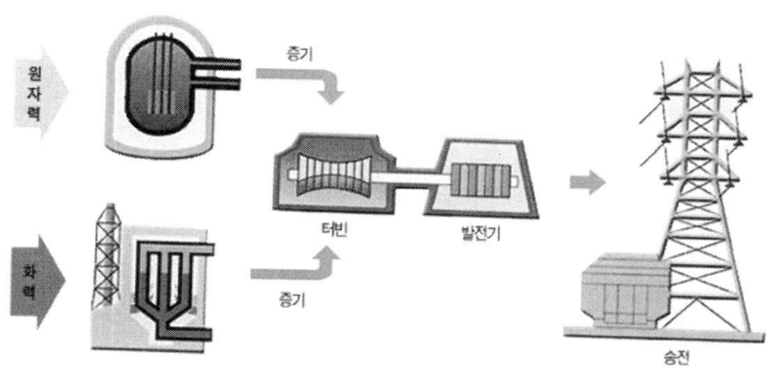

그림 4-2. 원자력발전과 화력발전의 전력생산 과정(출처: 한국원자력문화재단)

않는 우라늄-238이 대부분이고 핵분열을 일으키는 U-235는 0.7%에 불과하다. 따라서 U-235를 2~5% 정도로 농축시켜 원자력발전의 연료로 사용한다. 우라늄연료는 담배필터 모양의 연료소자(pellet)로 만든 다음 긴 튜브에 적어도 200개를 넣어 연료봉(fuel rod)으로 만든다. 이러한 연료봉 35,000~40,000개를 원자로의 코어(core)에 넣어 사용한다.

원자로 코어에는 연료봉 외에도 우라늄의 연쇄적인 핵분열로 발생된 열이 격렬한 폭발을 일으키므로 연쇄반응을 제어하고 에너지 생산량과 폭발을 조절할 수 있는 제어봉(control rod)과 중성자를 감속시킬 감속재(moderator)가 포함되어 있다. 이 외에도 발전을 위한 증기도 생산하고 핵분열이 일어날 때 발생되는 열 때문에 연료봉이나 다른 재료가 녹는 것을 방지시키는 냉각재(collant)도 주요 구성요소로 이루어져 있다. 냉각재로는 물(H_2O, 경수)이나 중수(D_2O)를 사용한다. 핵분열로 발생된 열에 의해 물 또는 중수가 데워지면 증기발생장치(steam generator)로 이동하여 다른 라인에 들어있는 물을 데워 수증기를 만들고, 이 수증기가 증기터빈을 돌려 전기를 만든다. 사고로 인한 방사능 유출을 차단하기 위해 원자로 코어와 증기발생기는 철근콘크리트 격납용기에 설치되어 있다(그림 4-3).

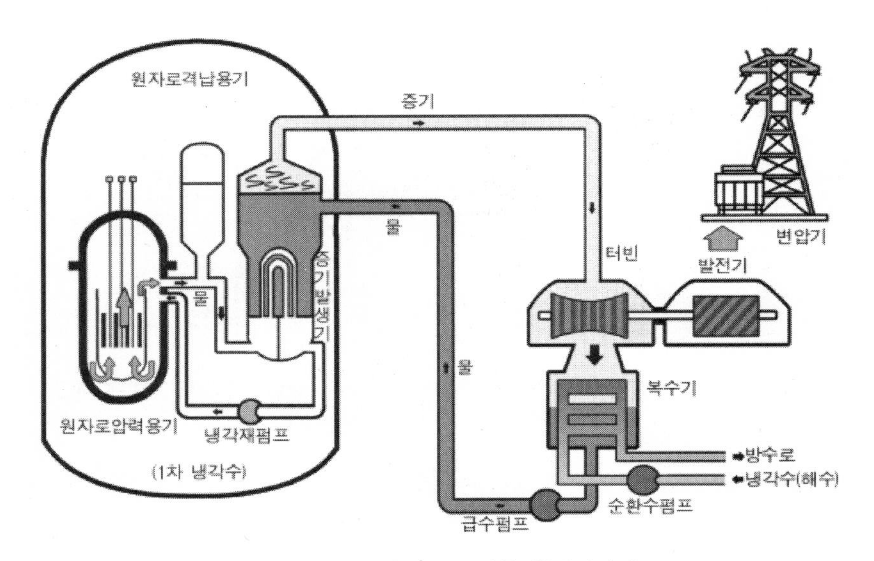

그림 4-3. 가압경수로를 갖춘 원자력발전소

원전 연료의 방사능은 사람에게 안전한 것일까?

원자력발전은 우라늄을 연료로 사용하고 있다. 우라늄과 같은 불안정한 원자핵은 자발적인 핵분열로 안정한 핵으로 변환될 때 알파, 베타, 감마선 등의 방사선을 방출하며, 이 방사선을 내는 능력을 방사능(Radioactivity)이라 한다(그림 4-4). 방사능의 양을 측정하는 단위는 용도에 따라 다르다. 방사성물질이 방출하는 방사능을 측정하는 국제단위로 베크렐(Becquerel, Bq), 퀴리(Curie, Ci)를 사용하고, 인체에 미치는 영향의 크기를 나타내는 방사선의 단위는 시버트(Sievert, Sv)나 렘(Rem)을 사용하며, 1시버트는 100렘과 동일한 단위로 사용한다. 이 외에도 물질에 흡수된 방사선의 양을 나타내는 단위로는 그레이(Gray, Gy), 라드(Rad)와 같은 단위도 사용된다.

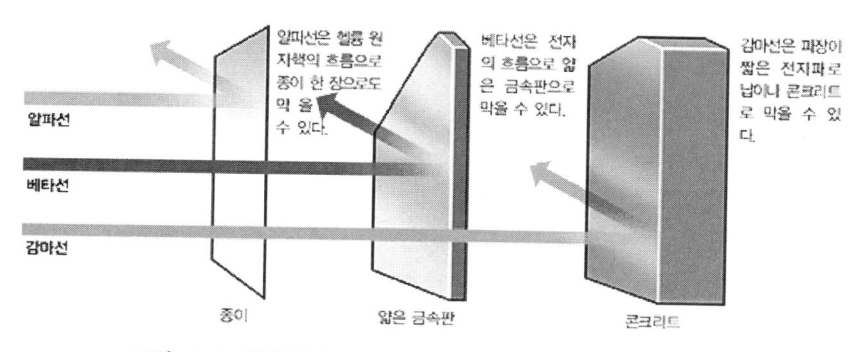

그림 4-4. 방사선의 종류와 특징(출처: 한국원자력문화재단)

생활 속에서 받게 되는 방사선량은 어느 정도일까? 사람이 1년 동안 받게 되는 자연방사선량은 2.4 mSv 정도로 광물질, 건축자재, 물, 공기, 음식물 등에서 자연적으로 발생되거나 우주로부터 나오는데 자연방사선에 노출되어도 그 양이 미미해 인체에 영향을 주지 않는다. 때로는 검사나 치료를 위해 인공방사선을 받기도 하는데 한번 X선 촬영을 할 때 받는 방사선량은 0.1~0.3 mSv, 가슴을 컴퓨터단층촬영(CT)할 때는 8 mSv, 암 치료시 받는 양은 2000~3000 mSv 정도이다. 연간 받는 자연방사선량의 100배 까지는 한 번에 받아도 인체에 큰 영향을 주지 않으나 시간당 1000 mSv 이상 노출될 때에는 식욕감퇴, 구토, 설사 등의 신체적 증상이 나타나기 시작한다. 그러나 이 정도의 양은 아주 큰 핵사고 현장 가까이에 있을 때나 가능하다(그림 4-5).

사람들이 방사능 유출을 걱정하는 이유는 방사성물질이 원전 밖으로 유출돼 직접 피폭될 경우 화상, 사망, 유산, 백내장, 암 등을 유발시키고, 유전자 세포의 돌연변이를 유발시켜 수세대에 걸친 유전적 결함도 일으키기 때문이다. 또한 방사성물질이 완전히 사라질 때까지 오랜 기간 지구에 계속 잔류하면서 사람들의 건강을 위협한다.

체르노빌에서 일어난 원자로 폭발 사고에서 볼 수 있듯이, 여러 가지

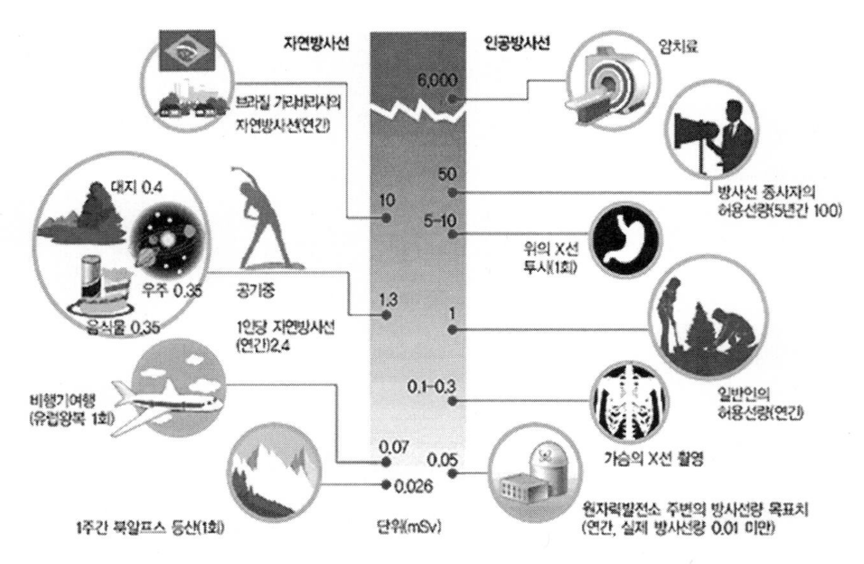

그림 4-5. 방사선이 인체에 미치는 영향 (출처: 한국원자력문화재단)

방사성 핵종들이 공기 중으로 배출되면서 어떤 핵종은 바로 붕괴되지만 어떤 핵종은 오랫동안 핵분열이 지속되었다. 사람들에게 영향을 주고 있는 핵종으로는 스트론튬(Sr)-90, 세슘(Cs)-137, 아이오딘(I)-131 등이 있다. 스트론튬-90의 반감기는 28년으로 토양에 스며든 스트론튬은 식물로 들어가고, 그 식물을 먹고 자라는 동물이나 사람의 몸에도 들어가 영향을 주게 된다. 몸속에 들어온 스트론튬-90은 칼슘과 같은 화학작용 때문에 뼈에 축적된다.

또 다른 방사성 원소 세슘-137의 반감기는 30년으로 몸 전체에서 발견되며 베타선을 방출하는 핵붕괴가 일어난다. 아이오딘-131은 반감기가 짧아 장기간에 걸친 영향은 중요치 않으나 베타붕괴를 하며 갑상선에 축적된다. 결국 몸속 갑상선에서 베타나 감마선을 내는 결과를 일으킨다. 이처럼 방사성물질에 오염된 음식물의 섭취는 방사성 핵종에 의한 내부피폭을 일으키게 된다. 신체는 방사선에 계속 노출되므로 신체기능의 이상을 일으킬 수 있고 유전자 변형으로 암이 유발될 가능성도 내포하고 있다.

방사성폐기물의 분류

원자력발전소의 연료는 사용하고 나면 방사성폐기물이 된다. 방사성폐기물은 살아있는 생명체에 위협이 되며, 자연으로 되돌아가기 어렵다. 원전에서 발생되는 방사성폐기물(또는 원전 수거물)은 방사성물질이거나 그에 의해 오염된 물질로 안전하게 폐기시켜야 한다. 방사능의 수준과 지속성에 따라 폐기물들은 중·저준위, 고준위 방사성폐기물로 구분하고 있다.

- 중 · 저준위폐기물

운전원이나 관리원이 사용했던 작업복, 공구, 교체부품, 연료파편, 슬러지, 연료수송용기, 원자로 기기 등과 같이 방사능의 정도가 낮은 폐기물을 중·저준위 폐기물(medium·low-level radioactive waste)이라 한다. 원전에서 발생되는 폐기물은 상태에 따라 다르게 처리한다. 저준위의 고체폐기물은 작업자들이 사용했던 장갑, 가운, 덧신 그리고 교체부품 같은 것들로 압축하여 철재드럼에 넣어 밀봉한 후 발전소 내에 있는 저장고에 보관한 후 영구처분장으로 옮겨 집중 관리한다. 원전에서 나오는 세탁수와 같은 액체 폐기물들은 여과, 증발장치로 깨끗한 물과 찌꺼기로 분리한 다음 정화된 물만 환경으로 배출하고 찌꺼기는 고체 형태로 만들어 철재드럼에 넣어 처분한다. 기체 폐기물은 방사능 정도를 낮춘 후 고성능필터를 거쳐 대기로 배출한다.

• 고준위폐기물

사용 후 핵연료 자체 또는 사용 후 연료를 재처리할 때 발생되는 폐기물들을 고준위폐기물(high-level radioactive waste)이라 하며 방사능이 높아 인간과 환경으로부터 영구적인 격리가 필요하다. 고준위 방사성폐기물은 방사능이 아주 높고 온도가 높아 직접 처분 또는 재처리 과정을 거치기 전 일정 기간동안 임시 중간 저장시설에 보관한 다음 폐기물이 안정화되면 영구 처분장소로 이동시켜 관리한다.

방사성폐기물을 어떻게 처리하고 있을까?

현재까지 알려진 방사성폐기물의 처리는 처분방식에 따라 천층처분방식(천부지층 처분방식), 동굴처분방식, 심층처분방식(심부지층 처분방식) 등으로 분류할 수 있다.

• 천층처분방식

천층처분방식은 땅을 얕게 판 지층에 중·저준위 방사성폐기물을 처분하는 방식으로 대부분의 나라에서 채택하고 있다(그림 4-6(좌)). 이 처분법은 폐기물이 지하수, 표면침식, 인간에 의한 훼손 등으로 유출될 가능성이 있다.

• 동굴처분방식

동굴처분방식은 천층처분방식을 보완하기 위해 폐광산이나 산에 터널을 건설하여 방사성폐기물을 처분하는 방식이다(그림 4-6(우)). 스웨덴, 한국 등에서 동굴처분방식의 저준위 방사성폐기물 처분법을 채택하고 있다.

- 심층처분방식

심층처분방식의 영구처분장은 공학적 방벽을 인공적으로 설치하고 부지 주변의 자연적 방벽을 이용하는 처분방식이다. 처분장은 지진이나 지하수의 이동, 화산활동에 의해 영향을 받지 않고 암반이 안전한 곳이어야 하므로 처분 대상 지역의 지질 조건에 대한 철저한 조사가 필요하다.

이 외에도 지표 가까이에 처분하는 지표처분, 로켓에 실어 우주로 날려 보내는 우주처분, 해구에 폐기물을 처분하여 맨틀 내부로 들어가게 하는 심해저처분, 심부지층에 다중방벽을 설치하여 처분하는 심부지층처분 등의 다양한 처분 방법이 제안되고 있으나 안정성, 유출의 최소화, 기술적 완성도 등을 고려하여 현재 심층처분방식이 가장 안정적인 것으로 알려져 있다.

원전의 큰 문제점 중 하나는 사용 후 남는 핵연료(고준위 방사성폐기물)일 것이다. 고준위 방사성폐기물은 인간과 환경에 유해하지 않도록 장기간 격리 보관해야 하나 고준위 방사성폐기물 처분장을 마련하기가 쉽지 않다. 원자력발전소를 보유한 국가 중 핀란드와 스웨덴을 제외한 많은 나라들이 현재까지 고준위 방사성폐기물 처분장을 짓지 못했고,

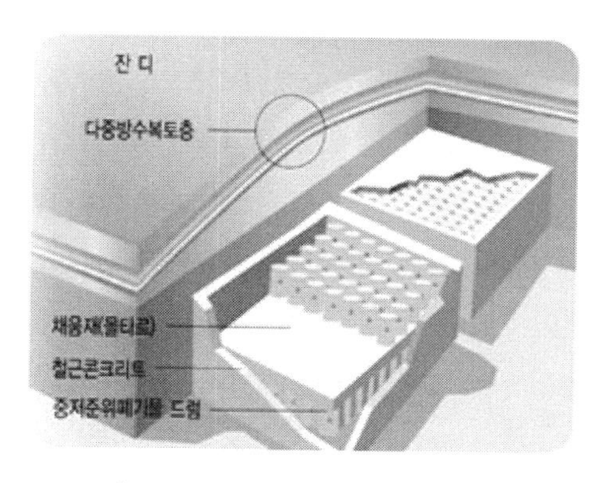

그림 4-6. 천층처분방식(좌)과 동굴처분방식(우)(출처: 한국수력원자력(주))

미국도 계속되는 주민들의 반대로 1980년대 후반에 건설을 시작한 방사성폐기물 처리장 공사가 영구 중단된 상태이다.

그렇다면 우리나라는 어떤가? 우리나라도 1983년부터 방사성폐기물 처분장 부지를 확보하고자 노력하였으나 주민들의 반대에 부딪혀 36년

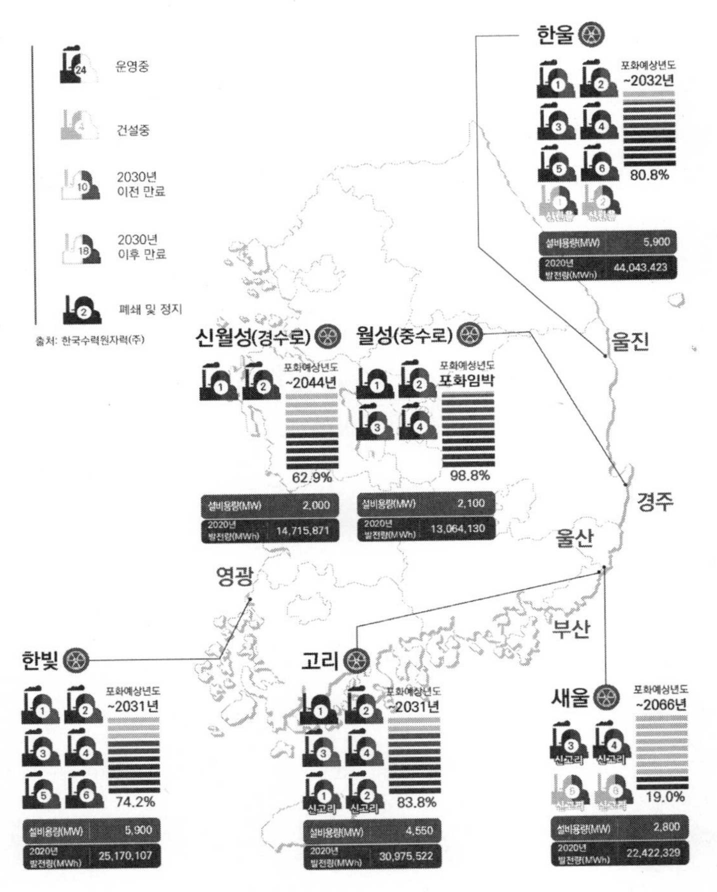

그림 4-7. 2021년 말 원자력발전 및 사용후핵연료 저장 공간 현황
(출처: 한국에너지정보문화재단 에너지정보소통센타, 한국수력원자력(주), 한국원자력산업협회, 한국원자력안전기술원)

이 지난 현재까지 제자리걸음이다. 그나마 2008년 경주 월성에 중·저준위폐기물만 처분할 수 있는 동굴처분방식의 방폐장이 결정되었고 2015년에 사용 승인을 받아 운영되고 있다.

그러나 원자로에서 사용했던 핵연료를 재처리할 수 있는 권한이 없어 사용후핵연료는 발전소 내에 있는 중간저장소(임시 저장시설)에 보관하고 있으나 2031년 일부 원전을 시작으로 수용 한도가 포화될 것으로 보고 있다(그림 4-7). 고준위 방사성폐기물은 계속해서 생산되고 있어 방사성 폐기물처분장(또는 원전 수거물처리장)을 빠른 기한 내에 마련하지 못한다면 원전 가동을 중지해야 할 위기에 처할 수도 있어 고준위 방사성폐기물 처분장에 대한 공론화가 시급하다.

원자력발전의 종류

원자력발전의 종류는 감속재, 냉각재의 종류에 따라 이름이 붙여진다.

• 가압경수로형과 가압중수로형

원자로 코어에서 발생된 열을 식히는 냉각재는 다른 라인의 물을 수증기로 만들 수 있도록 고온이어야 되니까 150기압(atm)의 가압으로 300℃ 이상의 물 또는 중수가 사용된다. 가압경수로(Light Water Reactor, LWRs)는 원자로의 냉각재로 일반적인 물을 사용하는 원자로이고, 물 대신 중수(D_2O)를 감속재 또는 냉각재로 사용하면 가압중수로(Heavy Water Reactor, HWRs)이다. 세계원자로의 85%가 가압경수로형으로 미국은 100% 가압경수로이고, 우리나라도 대부분이 가압경수로이나 월성 원자력발전소 1~4호기만 가압중수로형이다(그림 4-3).

• 고속증식로

고속증식로(Fast Breader Reactor, FBR)는 우라늄 연료의 대부분을 차지하는 U-238을 핵분열시켜 에너지를 얻는다. 원자로 중심부에 U-235, 플루토늄-239(Pu-239)로 핵분열을 일으키면 고속의 중성자가 방출되고, 고속 중성자에 의해 연료 주위를 둘러싼 U-238이 핵분열되면서 분열 가능한 새로운 핵연료가 생성되어 에너지를 생산한다. 증식원자로에는 조절봉이 없고, 냉각제로 액체 소듐을 사용한다.

고속증식로는 우라늄 이용률을 60배 이상 증가시키는 장점을 가지고 있으나 플루토늄의 위험성과 냉각코일에서 소듐이 유출되었을 경우 물과 소듐이 폭발적으로 반응하기 때문에 일반적인 원자로보다 더 위험한 것으로 여겨지고 있다. 또한 고속 중성자에 의해 재료구조의 변성과 파괴가 일어날 때 위험이 따를 수 있다. 프랑스는 120만 kW급 슈퍼피닉스(super phenix)의 시험가동을 시작했으나 전 세계적으로 핵확산을 방지하려는 기조와 정치적 영향 등으로 인해 개발이 중단된 상태이다.

새로운 핵연료 Pu-239의 생성과정

$$ {}_{92}\text{U-238} + {}^{1}\text{n} \rightarrow \text{U-239} + \beta\text{-ray} $$
$$ \rightarrow {}^{239}\text{Np} + \beta\text{-ray} \rightarrow {}_{94}\text{Pu-239} $$

우리나라는 1970년 고리 원자력발전소 건설을 시작으로 원자력시대를 열었다. 2022년에는 고리, 영광, 울진, 월성에 24기가 가동 중이며, 고리와 울진에 각각 2기를 건설 중이다. 대부분은 가압경수로형이나 월성의 4기만이 가압중수로로 총 24기를 가동하고 있다(그림 4-7). 우리나라는 한국표준형원전(KSNP, Korea Standard Nuclear Power Plant) 기술의 개발로 국산 원전시대를 맞게 되었다. 최신기술 수준을 적용한 한국표준형원전은 2017년에 유럽의 원전설계인증자격과 2019년에 미국

원자력규제위원회의 안전성과 설계인증을 획득하게 되면서 안전성이 우수하고 경제성이 있는 것으로 입증되었고, 우리나라는 2009년 아랍에미리트에 처음으로 원전 APR1400을 수출하게 되면서 세계 6위권의 원자력 기술 선진국으로 성장하였다.

왜 원자력발전소를 포기하지 못할까?

과거 미국과 프랑스는 필요 전력량의 20%와 80%를 각각 원자력으로 공급했고, 우리나라도 2030년까지 설비기준으로 필요 전력량의 41%를 원자력으로 공급할 계획이었으나 2011년 후쿠시마 원전 사고 이후 세계적인 탈원전 흐름으로 국내 전력 생산 중 원전 비중도 20~30%로 감소했다. 그러나 2015년 파리협정에 따른 온실가스 감축목표 달성을 위해 미국, 영국, 러시아, 베트남 등의 국가 외에도 사우디를 비롯한 중동의 여러 국가가 신규 원전을 늘리는 추세이다.

우리는 왜 원자력발전소를 포기하지 못할까? 원자력발전은 전력 생산

표 4-1. 에너지 발전원별 거래단가(출처: 한국원자력문화재단 & naver 지식백과)

에너지	2011년 말 기준 거래단가 (원/kWh)	2018년 기준 구입단가 (원/kWh)
원자력	39.07	62.18
유연탄 화력	66.67	83.55
무연탄 화력	98.66	–
수력	134.73	–
석유	221.25	–
LNG	140.38	121.44

거래단가가 매우 낮아 경제적인 에너지이다. 우라늄 1 g은 석탄 3톤과 맞먹는 에너지를 낼만큼 적은 양으로 큰 에너지를 생산하기 때문에 다른 발전원에 비해 연료비가 적게 들 뿐 아니라 발전소 운전유지비도 저렴하다(표 4-1). 이뿐 아니라 발전원가 중 70%의 큰 비중을 차지하는 원전의 건설비용은 원전 2기를 함께 건설하여 비용을 절감시키고 있다.

또한 원자력발전은 화석연료를 태울 때 방출하는 이산화탄소, 이산화황, 일산화질소 등 대기오염물질들을 거의 방출하지 않기 때문에 지구온난화를 완화시키고, 대기오염, 산성비와 같은 생태계를 위협하는 요인을 줄일 수 있다(표 4-2).

표 4-2. 발전원별 이산화탄소 배출량(단위: gCO2eq/kWh)(출처: 한국수력원자력, "Climate Change and Nuclear Power"(IAEA,2016))

발전 자원	원자력	천연가스(LNG)	석탄	태양광	수력	풍력
이산화탄소 배출량	15	492	1025	27	7	16

한국표준형원전기술을 개발해 우리 기술력으로 생산된 에너지는 다른 에너지원에 비해 에너지에 대한 해외의존도를 낮추면서 안정적으로 에너지도 공급할 수 있다. 그로 인해 전기요금이 안정화되면서 직, 간접적으로 건설 및 다양한 산업부문의 생산 활동이 활발해져 국민경제에 크게 기여할 수 있다.

원자력발전은 최첨단 과학기술로 이루어진 기술주도형 발전방식으로 과학 및 관련 산업의 발달을 촉진시키고, 발전 외에도 다양한 용도로 원자력에너지가 활용되고 있다. 국내에서는 1995년 '하나로' 원자로를 건설 가동하여 암 치료제, 품종개발 및 방사선 식품조사, 엔진의 미세결함을 분석하는 비파괴 검사, 미술품 감정이나 유물 연대측정, 첨단 신소재 개발, 고성능 핵연료 개발 등 동위원소를 이용한 타 산업기술의 향상에도 기여하고 있다.

원전사고가 우리에게 남겨준 교훈

예측할 수 없는 원전사고의 발생은 원자력에너지에 대한 두려움을 갖게 만든다. 원자력발전과 관련된 대표적인 사고로 1979년 쓰리마일 원전사고, 1986년 체르노빌 원전폭발사고, 1999년 일본 도카이무라 임계사고 등이 있다. 2011년 지진해일로 발생된 일본의 후쿠시마 원전사고는 근래에 발생되었던 심각했던 사고로 10년이 넘은 지금까지도 방사성물질의 유출 문제 등이 언제 해결될지 모르는 상태에 있다.

국제원자력기구(IAEA)의 사고평가척도(INES)의 1~7단계 가운데 최고 수준인 7단계로 평가될 정도로 심각했던 체르노빌 원전사고는 원자로가 가열되어 폭발해 8톤 정도의 방사성물질이 그대로 대기 중에 방출된 사고였다(그림 4-8(좌)). 1.2m 두께의 콘크리트와 납으로 차단된 원자

그림 4-8. 사고 후 체르노빌 원자력발전소의 모습(좌)과 후쿠시마 원전사고 피해(우)
(출처: http://www.cyworld.com/AntAntique)

로벽과 철강화된 격납건물, 비상 코어냉각시스템 등 다중 안전 시스템을 갖춘 현대의 원전과 달리 당시 체르노빌 원전은 격납건물, 비상 코어냉각시스템 등이 설치되어 있지 않아 방사성물질이 대량으로 방출되었다.

당시 대기로 날아간 방사성물질은 바람을 타고 이동되어 유럽 전역에 큰 피해를 입혔고, 사고 이후 암, 기형아, 유산 등의 발생률이 증가되었고, 다음 세대까지 계속해서 유전적 결함을 일으키고 있다. 체르노빌 원전 주변은 아직도 사람이 살 수 없는 죽음의 땅이 되어 통제되고 있다. 또한 사고처리 비용은 그때까지 구소련에서 발전된 원전건설 비용의 수배에 해당된다.

원전 가동 후 발생되는 사용후핵연료 처리장을 마련해야 하는 문제도 있다. 사용후핵연료에 포함된 플루토늄-294의 반감기가 24000년으로 방사능의 영향을 주지 않는 양으로 떨어지는데 거의 24만년 걸리므로 원전 폐기물처리를 위한 영구적 폐기물처리장이 필요하다. 그러나 방폐장 건설을 반대하는 지역 주민과의 마찰로 핀란드와 스웨덴을 제외하고 전 세계는 아직까지 방폐장 마련을 하지 못하고 있다. 또한 안전한 관리를 위해 원전 수명을 40년으로 정해놓고 폐기시키도록 정해져 있기 때문에 수명을 다한 발전소의 폐기를 위한 준비도 해야 한다. 국내에서도 2017년 고리 1호기를 시작으로 폐로가 되면서 폐원전의 해체기술 개발뿐 아니라 세계적으로 1기당 평균 1조 원 정도 소요될 것으로 예상되는 노후 원전의 해체 비용도 마련해야 한다.

이 외에도 원자력발전소 주변에서 일어날 수 있는 크고 작은 문제들이 존재한다. 발전소에서 사용된 수증기를 냉각시키기 위해 사용되었던 폐냉각수는 하천의 수온을 상승시켜 수중생물을 위협하기도 한다. 이제는 데워진 물을 양식장 운영에 활용하면서 열오염의 문제를 개선하려고 노력하고 있다. 또한 원전의 수명을 60년으로 연장하려는 움직임에 따른 위험부담도 증가될 수 있어 불의의 사고를 대비하는 불확실성에 대한 예비비도 필요하다. 이뿐 아니라 원전의 수가 증가되면서 발생되는 많은 어려움은 발전원가의 상승요인이 될 것으로 보인다.

이 모든 요소를 고려해 볼 때 과연 원자력발전이 경제성이 높다 할 수 있을지 다시 심사숙고해야 할 것 같다. 그러나 현실을 되돌아볼 때, 아직 마땅한 대체에너지를 확보하지 못한 상황에서 원자력에너지를 포기해야 할지에 대해 우리가 선택할 수 있는 길은 그리 많아 보이지 않다는 것이다.

원자력은 녹색성장의 길에 함께할 수 있을까?

원자력발전은 최첨단 과학기술로 이루어진 기술주도형 발전방식으로 과학 및 관련산업의 발달을 촉진시켰다. 그 예로 나노생명공학 및 첨단의료기술과 접목시켜 신기술로서 신성장동력원의 역할을 할 것으로 기대하고 있고, 21세기 수소경제를 이끌 에너지원으로 떠오르고 있는 수소생산 초고온 원자로에 대한 연구가 진행되면서 원자력발전 기술을 활용하고자 한다.

원자력을 이용한 에너지는 핵융합을 통해서도 얻을 수 있다. 핵융합에너지는 태양에서 일어나는 핵융합과정의 에너지 생성 원리를 이용한다. 태양에서의 핵융합은 주된 구성요소인 수소원자핵이 고온 고압에서 헬륨핵을 생성하면서 빛과 열에너지를 방출한다. 지구상에서도 태양과 유사하게 H-2(중수소)와 H-3(삼중수소) 핵이 고속으로 부딪쳐 여러 복잡한 반응단계를 거쳐 헬륨 원자핵으로 융합이 일어나면서 중성자와 에너지의 방출이 일어나고 이 에너지가 핵융합발전을 실현시키는 것이다(그림 4-9). 그러나 핵융합 반응조건은 까다로워 연구가 많이 필요한 상황이다.

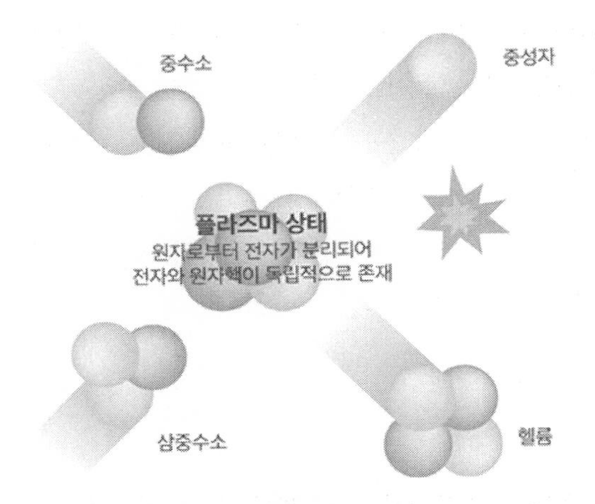

그림 4-9. 핵융합 과정(출처: 한국원자력연구원)

우리나라는 독자 개발한 초전도핵융합연구장치인 K-STAR가 2008년 첫 플라즈마 발생을 성공시킨 이후 연구개발에 힘입어 프랑스에 건설 중인 국제핵융합실험로(International Thermonuclear Experimental Reactor, ITER) 프로젝트에 참여하고 있다(그림 4-10). 우리나라를 포함해 미국, 러시아, EU, 일본, 중국, 인도 등 7개국의 최첨단 기술과 물적 지원을 통해 운영되고 있는 ITER 프로젝트는 21세기 후반쯤에 핵융합발전 상용화를 목표로 하고 있다. 당장 인류의 에너지문제를 해결하지 못하지만 2022년 합동유럽토러스(JET) 연구소가 ITER와 같은 방식으로 5초간 핵융합에너지를 생산하는 세계기록을 경신한 연구성과를 발표함에 따라 청정하고 무한한 핵융합에너지에 한 발 더 가까워질 수 있다는 희망을 갖게 되었다. 지상에서의 핵융합반응이 지속적이면서 안정적으로 일어날 수 있는 최적화된 조건뿐 아니라 초고온, 초고압을 견딜 수 있는 장치 등 해결해야 할 과제가 아직 많지만 차세대에너지 후보로 기대를 모으고 있는 핵융합에너지로 에너지문제가 해결되길 기대하고 있다.

그림 4-10. 한국의 인공태양 K-STAR(출처: 한국에너지정보문화재단)

이 외에도 기존 원자력발전의 대안으로 떠오르는 소형모듈원전(small modular reactor, SMR)이 최근 떠오르고 있다. 소형의 압력용기에 모든 장치를 담고 냉각수 펌프 같은 안전시스템이 필요 없는 원전으로 여러 개의 모듈을 한 묶음으로 시스템화해 사용할 수 있다. 원전의 안전성, 경제성 등을 고려한 차세대원자로의 기술개발에 원전 선진국들은 이미 앞서가고 있다. 탄소배출이 적은 에너지원의 비중을 확대하는 동시에 경제성, 공급안정성 등이 고려된 차세대원자로가 탄소중립을 실현하려는 길에 새로운 대안으로 함께 할 수 있을지 주목하고 있다.

05

에너지와 환경

오염되고 있는 공기

산업혁명 이후 산업의 발달로 공장을 가동하고 전기와 자동차를 사용하는 등 우리가 생활하는 모든 것에서 화석연료는 절대적인 에너지 공급원으로 사용되고 있다. 필요한 물품을 얻기 위해 공장을 가동하고 전기를 사용하기 위해 발전소를 운영하고 자동차가 길 위를 달릴 때 대기를 오염시키는 유해물질들과 미세먼지로부터 우리는 절대 자유로울 수 없다.

자동차, 화력발전소, 산업활동에 필요한 공장 등에서 화석연료가 사용되면 질소산화물(NOx, 대표적으로 NO와 NO_2), 황산화물(SO_x, 대표적으로 SO_2와 SO_3), 일산화탄소(CO), 검댕과 휘발성 유기화합물(volatile organic compounds, VOCs)이 포함된 탄화수소 등이 대기 중으로 배출되면서 호흡을 통해 폐나 호흡기에 영향을 주기 때문에 만성 호흡기질환이나 폐렴 등의 원인이 되고 있다.

대기로 배출된 오염물질들은 2차 오염물인 미세먼지(PM10, PM2.5)를 만든다. 요즘 미세먼지 농도가 높은 날이 잦아지면서 미세먼지에 대한 관심이 높아졌고, 우리는 건강을 위해 미세먼지 농도가 높은 날에 마스크를 쓰고 다녀야만 한다. 미세먼지는 질산염, 황산염, 탄화수소와 검댕, 중금속과 같은 다양한 유해물질로 이루어져 있어 각종 질환을 일으킬 수 있다. 최근 보도된 바에 따르면 초미세먼지가 폐의 깊은 곳까지 이동해 혈관을 타고 온몸으로 돌아다니면서 심혈관 질환, 뇌 관련 질환, 폐암 등을 유발시킬 수 있는 것으로 알려졌다. 더 나아가 초미세먼지보다 더 작은 극미세먼지(PM0.1)나 나노먼지(PM0.05)에 대한 연구와 함께 인체에 미치는 영향에 대해서도 더 많은 연구가 필요하다고 주장하고 있다.

또한 자동차 배기가스로 배출된 일산화질소(NO)는 이산화질소(NO_2)로 전환된 후 탄화수소화합물과 함께 여름철 강한 햇빛을 받아 광화학반응으로 오존을 생성시킨다. 따라서 바람이 불지 않은 무더운 여름날 교통이 혼잡한 도심에서 오존(ozone, O_3)이 발생할 가능성이 높고, 생성된 오존이 정체되면서 도심의 하늘은 뿌옇게 되고 오존경보가 발령된다. 이러한 현상을 광화학스모그(photochemical smog)라 한다(그림 5-1).

전 세계 많은 도시에서 높은 수준의 오존량을 나타내며, 매우 낮은 농도라도 실외에서 운동하는 건강한 사람의 폐 기능을 위축시키고 천식 환자의 증상을 악화시킨다.

그림 5-1. 맑은 날(좌)과 광화학스모그에 의해 뿌옇게 된 날(우)의 비교

오존의 생성과정

$2NO + O_2 \rightarrow 2NO_2$

$NO_2 \xrightarrow{\text{햇빛}} NO + O$

$O + O_2 \rightarrow O_3$

이 외에도 대기 중에 있던 질소산화물과 황산화물은 빗물과 만나 질산과 황산이 포함된 산성비(acid rain)로 지상에 떨어지게 된다. 산성비는 호수나 강물을 산성화시켜 수중생물이 살 수 없게 만들기도 하며, 흙과 바위로부터 중금속들을 녹여 지하수나 약수를 오염시키기도 하고, 농작물의 생장과 생산성에 지장을 초래한다. 또한 도심에서 장기간에 걸쳐 나타나는 산성비의 영향은 조각상, 건물, 다리, 자동차 등을 부식시킨다(그림 5-2).

산성비의 생성과정

$SO_2 + H_2O \rightarrow H_2SO_3$　　$2\ NO + O_2 \rightarrow 2\ NO_2$

$2\ SO_2 + O_2 \rightarrow 2\ SO_3$　　$2\ NO_2 + H_2O \rightarrow HNO_2 + HNO_3$

$SO_3 + H_2O \rightarrow H_2SO_4$

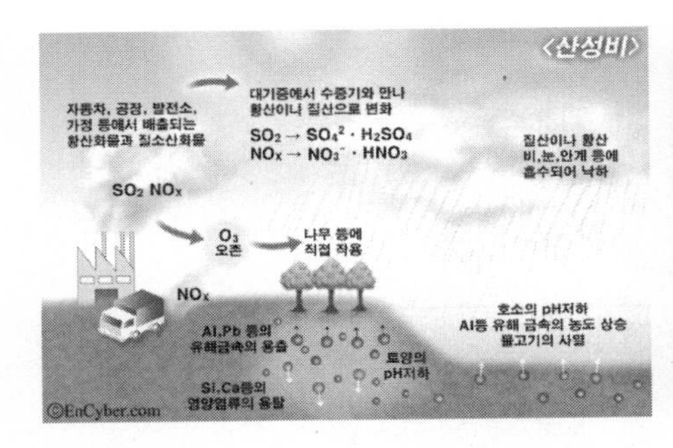

그림 5-2. 산성비의 생성과정(좌) (출처: 네이버, 두산백과), 산성비로 부식된 조각상들(우)(출처: http://blog.naver.com/oo2013/60193208182)

오염되는 흙과 물

아직까지도 인류는 에너지를 얻기 위해 대부분을 석탄, 석유, 그리고 천연가스인 화석연료에 크게 의존하고 있다. 화석연료의 채굴과 정제, 수송 및 소비과정에서 물과 토양이 오염되고 있다. 나무를 베고 지표면의 석탄을 채굴하는 노천탄광에서는 땅을 파헤쳐야 하므로 산림과 토양이 훼손될 뿐 아니라, 석탄과 함께 채광된 석탄 이외의 물질들은 쓰레기 또는 오염물질이 된다. 지하에 매설된 석탄을 채굴할 경우에는 수로에 의해 갱도가 붕괴되면 인명피해뿐 아니라 지반침하를 유발시킬 수도 있다. 또한 1000 MW의 전력을 생산하기 위해 석탄을 태우면 60만 톤의 재가 생성되는데 엄청난 양의 재를 주로 땅에 묻기 때문에 폐기물처리의 문제가 발생되고, 개울과 강 등으로 침투될 때에는 토양, 지하수, 오염물이 흘러들어간 수로의 오염을 초래한다.

석유는 주로 지하퇴적층의 여러 층의 바위 아래에서 천연가스와 함께 발견된다. 유정에 파이프를 박고 물을 사용하여 시추하는 석유채굴과정은 함수용액이 지하로 침출되어 지하수를 오염시킨다. 또한 중동지역 국가들과 미국, 러시아 등 일부 국가들을 제외한 대부분의 많은 나라들은 석유를 수입에 의존하고 있다. 따라서 석유 수송과정 중 일어나는 선박사고로 석유가 바다로 유출되면 인근 해안의 심각한 환경오염과 수질오염을 일으키게 된다.

2007년 12월 태안 앞바다에서 정박 중이던 유조선과 대형 해상크레인선이 충돌하면서 원유 1만 5800 kL가 유출된 최악의 기름유출사고가 발생했다. 사고 인근지역에서 청둥오리로 추정되는 철새가 기름을 뒤집어 쓴 채 죽어가고 있었다. 인근 양식장, 갯벌, 모래가 기름투성이로 오염되었고, 생명력이 가장 질긴 불가사리조차도 죽어버렸다(그림 5-3).

그림 5-3. 석유를 뒤집어쓴 청둥오리(좌)(출처: http://blog.daum.net/gratitude21/35)와 유출된 기름으로 더럽혀진 해안가(우) (출처: http://blog.naver.com/sosimkm/150156771512)

자연 생태계나 주민의 피해는 아직 완전하게 회복되지 않은 상태이지만 이와 같은 석유유출 사건은 전 세계적으로 계속 발생되고 있다.

점점 더워지는 지구, 기후재앙이 시작되었나?

지구에 도달하는 태양 복사선은 지구를 데우고 일부는 다시 우주공간으로 방출될 때 대기 중에 있는 일부 물질들에 의해 흡수가 일어나면서 온실효과로 지구의 평균온도가 15℃ 정도의 일정한 수준을 유지하게 된다. 이것은 대기 중에 있는 구름, 이산화탄소, 수증기, 메테인 등이 지구로부터 방출되는 복사선을 흡수하여 지구를 데우면서 적당한 온도를 유지하게 만든다. 그러나 산업, 교통, 채광, 농업과 같은 인간의 활동으로 인해 온실가스가 증가되면서 지구로부터 방출된 복사선을 더 많이 흡수하고 방출해 지구의 평균온도가 올라가는 지구온난화(global warming)가 일어나게 되었다. 대표적인 온실가스로는 이산화탄소, 메테인, 아산화질소, F-가스들(수소불화탄소, 과불화탄소, 육불화황 등) 등이 있으며, 이 중 지구온난화 기여도가 가장 큰 온실가스는 이산화탄소로 산업혁명 이전에 280 ppm 정도였으나 2004년 380 ppm, 2023년 초 420 ppm 이상으로 계속 증가하고 있다.

대기 중 이산화탄소는 바다에 용해되고 석회암 같은 바위에 포함되거나 광합성과 같은 자연과정에 의해 소비되면서 없어서는 안 되는 물질이다. 그러나 전기 생산, 산업 활동, 자동차 운행, 난방을 위해 화석연료의 사용은 대기 중 이산화탄소의 양을 계속해서 증가시키고 있고, 개발을 위한 산림의 파괴는 이산화탄소를 흡수할 수 있는 자연의 능력을 감소시키고 있다(표 5-1).

표 5-1. 최종 용도에 따른 지구 이산화탄소 방출량(출처: 생활과 화학, 드림플러스, 2012)

용도	발전/난방	산업용	산림벌채	운송	거주/산업용
방출량(%)	28	24	22	17	9

대기 중 이산화탄소양이 증가돼서 정말로 지구온난화가 일어났을까? 기상관측이 가능한 이후부터 얻어진 자료를 분석한 결과를 바탕으로 2021년 발표된 IPCC 6차 보고서에 따르면 지난 10년(2011~2020년)간 지구평균기온은 산업화이전(1850~1900년)보다 1.1℃ 상승하였다. 온실가스의 배출을 감소시키지 않는다면 계산방식에 따라 다르지만 지구평균기온이 6℃ 정도 상승하는 시기가 21세기 중반쯤 일찍 올 수도 있을 것으로 예측하고 있다.

이러한 기온상승은 물의 증발량과 강수량의 변화를 일으켜 일부지역엔 가뭄이 심해지기도 하고, 다른 지역엔 홍수나 초강력태풍이 자주 발생되는 기후변화를 유발시킨다. 또한 북극의 빙하량은 계속해서 감소하고 있고, 해수면도 상승시킨다. 지금과 같은 속도로 지구온난화가 진행될 때 21세기 말에 평균해수면은 약 50cm 정도 상승할 것으로 예상하고

그림 5-4. 2021년 100년 만의 기록적인 폭우를 기록한 독일(좌), 과거에 육지였던 곳에서 연설하는 투발루 외무장관(우)(출처: COP26)

있다. 해수면 상승은 해변 지역의 침식을 초래하고 있으며, 투발루 등의 작은 섬들이 점점 사라져 가는 위기에 처해 있다(그림 5-4).

지구의 기온이 올라갈수록 수자원이 취약해지면서 물 부족이 일어나게 되거나 물의 증발 현상이 심각해져 땅이 건조해지면 사막화도 일어나게 되고, 지구평균기온이 1℃ 상승하면 지구 전체 생물종의 30%가 멸종위기에 처해 대규모 멸종이 우려되고 있다. 이 외에도 지구평균기온의 상승은 모기, 체체파리와 다른 병을 옮기는 곤충의 서식지를 넓힐 것으로 예상됨에 따라 열대성 질병이 심각하게 확산될 것이다.

그럼에도 불구하고 일부에서는 지구온난화의 주범으로 지목되는 대기 중의 이산화탄소 농도가 지구의 온도변화에 따른 현상이라고 주장하고 있다. 지구가 햇빛을 얼마나 받느냐에 따라 지구의 온도가 오르고 내리고 있고, 이산화탄소 농도도 그에 따라 달라지는 현상이기 때문에 사람의 힘으로 지구온난화를 제어할 수 없다는 견해로 지구온난화에 대한 반대의견을 제시하고 있다. 그러나 과거와 다르게 지구에 일어나고 있는 자연현상의 변화를 어떻게 받아들여야 할지 우리는 생각해 보지 않을 수 없다.

지구온난화에 대한 반대의견이 있다 하더라도 우리는 기후변화를 일으키는 온실가스의 배출을 줄여야만 한다. 1992년 리우데자네이루에서 열린 지구정상회의에서 유엔기후변화협약이 체결되었고, 1997년 법적으로 온실가스의 배출한계를 구속하는 국제조약을 통해 교토의정서(Kyoto Protocol)가 채택되었다. 교토의정서는 산업화를 먼저 시작해 온실가스를 많이 배출한 선진국들이 2012년까지 1990년 수준으로 온실가스 배출량을 감축하도록 노력하고 다른 개발도상국들에게 재정지원 및 기술이전의 의무를 갖도록 하였다. 그러나 국제사회의 공감대 형성에도 불구하고 국가 간의 정치적, 경제적 요소가 복잡하게 작용하여 미국, 일본, 캐나다, 러시아 등 여러 나라의 불참선언으로 온실가스 감축을 실행하는데 많은 어려움이 있었다. 우여곡절 끝에 전 지구적으로 온실가스 감축을 위한 중요한 두 번째 성과가 2015년 파리기후협정에서 도출되었다. 지구 평균온도의 상승폭을 산업화 이전과 비교해 섭씨 1.5도까지로 제한하는데 노력하고, 선진국과 개도국 모두 책임을 분담하여 전 세계가 기후재앙을 막는데 동참하기로 결의하였다. 세계 곳곳에서 발생된 심각한 기후위기에 처한 지구를 위해 21세기 중반까지 탄소중립 목표를 달성하기 위한 노력을 기울여야 할 것이다.

원자력발전을 바라보는 우리의 시각

산업화 사회에서 원자력에너지는 화석연료를 대체할 수 있는 유일한 수단으로 각광을 받았었다. 국내의 경우 원전에서 생산되는 전력단가가 저렴하며, 원자로에서는 온실가스나 대기오염물질이 거의 방출되지 않고, 중동국가들 간의 분쟁이나 오일정책에도 에너지를 안정적으로 공급할 수 있다. 따라서 화석연료에 대한 확실한 대안을 찾지 못한 상황에서 여전히 많은 국가들은 필요한 전력을 원자력발전에 의존하고 있다. 그러

그림 5-5. 후쿠시마 제1원전 오염수 저장 탱크(출처: 한국에너지정보문화재단, 사진 출처 : The Fukishima Minyu Shimbun)

나 원자력에너지 사용에 대한 거부감은 1986년 체르노빌 원전사고로 유출된 방사성물질에 대한 공포로 커졌고, 2011년 일본에서 발생한 후쿠시마원전사고 이후 최고조에 달했다. 후쿠시마 원전사고는 자연재해로 인해 유발되었으나 사고처리의 미숙함으로 문제를 더 확대시켰다. 10년이 넘는 시간이 지났지만 방사능 오염문제는 여전히 논란이 되고 있다. 현재 사고로 누출된 연료와 원자로를 식히는데 사용됐던 오염수를 강철 저장탱크에 보관해 원전 내에 쌓아 두었는데 2023년경 바다로 흘려보내겠다는 일본 정부의 발표로 일본 내 어업인들과 주변국들의 반발을 사고 있다(그림 5-5). 오염수는 실제로 얼마나 위험한지 정확히 알 수 없는 잠재적 위험성을 내포하고 있기 때문에 바다를 통해 퍼져나갈 방사능에 대한 공포를 느끼고 있다.

이 외에도 원전사고들은 대부분 부실설계, 작업자의 안전 규칙 불이행 및 안전 불감증과 같은 인재로 인해 방사능이 유출된 것을 알 수 있다.

- 1999년 일본 도카이무라 임계사고
- 1986년 구소련 체르노빌에서 발생된 원전폭발사고는 원자로 중앙부의 콘크리트 벽이 몇 번의 폭발로 날아갔고 이로 인해 방사능 핵종이 공기 중으로 방출된 사고
- 1979년 펜실베니아 쓰리마일섬에서는 기술자의 실수와 장치의 결함으로 냉각제가 유출되었고 충전된 수소기체가 폭발하여 대기 중에 방사능 화학종이 유출된 사고

원자력발전을 반대하는 또 다른 이유로는 원전을 가동하는데 있어서의 안전성뿐 아니라 사용후핵연료의 처리와 다 사용한 폐원전 해체 때문일 것이다. 사용한 폐연료인 고준위방사성폐기물은 인간과 환경으로부터 영구적인 격리가 필요하지만 지질학적으로 안정한 방폐장 장소를 찾는 것이 쉽지 않을뿐더러 찾는다 해도 지역주민의 반발에 부딪쳐 처분장을 마련하기 어렵다. 현재 고준위 방사성폐기물처분장을 준비한 나라는 핀란드, 스웨덴 두 나라이며, 아직까지 우리나라를 포함한 많은 나라들이 고준위방사성폐기물처분장 마련에 어려움을 겪고 있다.

또한 원자력발전소의 수명은 일반적으로 40년 정도이나 최근 60년으로 연장하고 있다. 노후 된 원전의 잦은 고장도 우리를 위협하는 요소일 뿐 아니라 수명을 다한 원전의 해체도 큰 과제 중 하나이다. 현재 미국, 독일, 일본, 스위스 4개국만 원전을 해체한 경험이 있다. 반면에 우리나라는 폐로된 고리 1호기(2017년)와 월성 1호기(2019년)가 있지만 아직까지 원전을 해체한 경험이 없어 원전해체기술 개발과 함께 해체에 관한 절차를 진행하고 있다. 이뿐만 아니라 2040년이 되면 약 20기가 넘는 많은 원전을 해체해야 되는데 해체 비용뿐 아니라 고준위방사성폐기물처분장 마련 비용, 미래에 일어날 수 있는 불확실성에 대한 비용도 마련해야 한다.

이러한 점을 모두 고려해 볼 때 원자력은 결코 값싼 에너지가 아니라는 견해도 있다. 이러한 경제적 고려를 뒤로한 채 현재의 싼 전력 요금으로 우리는 풍요로운 삶을 누리려고만 하는 것은 아닌지 생각해봐야 할 것이다.

지속가능한 지구를 위해 신재생에너지는 해결방안이 될 수 있을까?

인간 활동에 필수적인 에너지를 대부분 석탄, 석유, 천연가스와 원자력 발전으로부터 얻고 있고 지난 30년간 세계 1차 에너지 수요에서 화석연료의 비중은 거의 변하지 않고 있다. 그런데 지금 지구촌 곳곳에서 폭염, 홍수, 가뭄 등 심각한 기후위기가 몰아치고 있고, 기후변화에 관한 정부간협의체(Intergovernmental Panel on Climate Change, IPCC)가 2021년에 발표한 6차 보고서에 따르면 지구평균기온 1.5℃ 상승 시기가 2028년~2034년으로 예상되므로 인류가 기후변화를 통제할 수 있는 시간이 얼마 남지 않았다고 한다. 이에 따라 온실가스를 감축하기 위해 130개국 이상의 국가들이 탄소중립을 선언했고, 한국을 포함한 주요 선진국들은 2050년까지 그리고 중국은 2060년까지 탄소중립 목표를 선포했다.

2015년 파리협정 이후 온실가스 감축목표를 달성하기 위한 각국 정부의 재생에너지 지원정책이 강화되면서 재생에너지 비중이 꾸준히 증가하고 있다. 2018년 기준 재래식 바이오매스(Traditional use of Biomass) 6.9%를 포함한 재생에너지는 세계 최종에너지 소비의 17.9%를 차지하였다. 또한 전력부문에서 기여도가 높은 재생에너지는 2019년 기준으로 세계 전력수요의 27.3%를 차지하고 있으며, EU국가들도 재생에너지로부터 공급된 전력 비중이 2009년 19%에 비해 2019년 35%로 크게 증가됨을 보여주고 있다. 앞으로 4차 산업혁명 시대가 되면 전력수요가 증가되면서 재생에너지의 전력부문 기여도는 더 높아질 것으로 예측된다.

특히 재생에너지 비중 증가에 영향을 주는 요소는 경제성 확보이다. 현재 신재생에너지 중에서도 균등화발전원가(Levelized cost of electricity, LCOE)가 많이 감소된 풍력발전과 태양광발전의 비중이 두드러지게 증가하고 있고, 재생에너지 발전설비 투자도 두 에너지원을 중심으로 이루어지고 있다. 이 외에도 열과 수송부문에서 재생에너지의 역할이 제한적이지만 수송용연료와 열공급이 가능한 바이오매스도 재생에너지 비중 증가에 기여할 것으로 전망하고 있다.

세계는 에너지전환이라는 새로운 정책 패러다임을 추진하고 있다. 이제 탄소중립은 거스를 수 없는 대세가 되었다. 모든 분야에서 탄소중립을 향한 신재생에너지로의 에너지전환을 추진해야만 한다. 세계적인 에너지 환경변화와 국제적 추세에 맞추어 우리나라도 2019년 3차 에너지기본계획을 확정, 발표하였다. 에너지기본계획에 따르면 2040년까지 에너지소비량을 감축하고, 수소산업 생태계 구축으로 수소에너지를 개발하고, 신재생에너지의 보급을 확대시켜 신재생에너지 비중 목표를 30~35%로 확대하려는 비전을 발표했다. 신재생에너지는 어느 정도 한계는 있지만 신재생에너지로 가야만 하는 현실에서 우리 정부도 에너지전환에 대해 노력해야 할 때이다.

06

태양열에너지

지구에너지의 근원 태양

앞마당에 있는 유아용 풀의 물을 햇빛으로 데워 사용하거나, 어렸을 적 볼록렌즈로 모은 햇빛으로 검은색 종이에 불이 붙는 것을 보면서 태양이 쏟아내는 햇빛의 대단한 위력을 경험했을 것이다. 우리는 이미 많은 양의 자연광 또는 태양에너지를 사용하고 있는데, 이것을 너무나 당연한 것으로 생각하고 있다. 이 태양은 지구가 형성된 이래로 지구상에 존재하는 살아 있는 모든 것의 원천이고, 모든 에너지의 근원이 된다.

태양은 수소 73%, 헬륨 24%로 이루어진 기체덩어리로 수소원자가 핵융합으로 헬륨을 만들 때 초당 3.9×10^{28} J의 에너지를 우주에 방출하고 있다. 지구는 태양으로부터 지표면 1 m^2당 1.1 kW 이하의 에너지를 받게 되는데, 지구가 받는 총 에너지양은 전 인류가 소비하는 에너지량의 약 1만 배에 해당되고, 1시간 동안 지표면에 도달하는 태양에너지의 총량은 전 인류가 1년 동안 소비하는 에너지의 양과 맞먹을 정도로 엄청난 양이다. 태양빛을 활용해 에너지를 얻는데 매우 중요한 요소는 일사량이다.

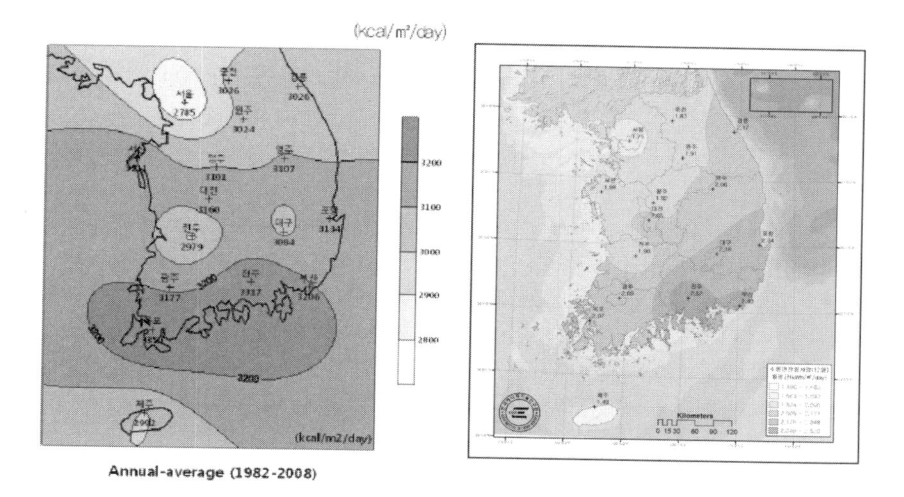

그림 6-1. 전국의 일사량(좌)(출처: 신재생에너지백서, 2012) 전국의 월별 수평면 일사량(출처: 한국에너지기술연구원 신재생에너지 데이터센터(2015)

우리나라에서 일사량이 가장 높은 지역은 어디일까? 기상청이 지난 20년 동안 전국 22개 지점에서 일사량을 측정해본 결과, 그림 6-1에서 보듯이 우리나라의 태양광자원에 대한 1일 수평면 전일사량 분포 특성은 서남해안 지방과 태안반도 일대가 전국에서 가장 좋은 것으로 나타났으며, 서울과 수원, 전주는 전국 평균보다 낮은 것으로 나타났다. 태양을 이용한 에너지 활용이 주로 서산, 서남해안을 따라 이루어지고 있는 것도 다 이런 이유 때문이다.

태양에너지는 화석연료를 바탕으로 하는 기존 에너지의 고갈문제와 환경문제를 해결할 수 있는 청정에너지로 신재생에너지가 부각되기 시작한 초기부터 관심을 갖던 에너지이다. 태양에너지는 무공해, 무한량의 청정에너지원이지만 밀도가 낮고, 초기 설치비용이 많이 드는 단점과 함께 집열판의 면적과 태양열 생산량이 비례하므로 집열판을 많이 설치할수록 많은 에너지를 얻을 수 있기 때문에 집열판을 설치할 넓은 공간을 필요로 한다. 또한 계절적인 영향을 받아 봄과 여름에는 일사량이 많으나 겨울에는 기후 조건이 불리하고, 기상의 영향을 크게 받다 보니 에너지 생산량의 예측이 어려우므로 저장장치를 반드시 필요로 한다.

자연채광을 활용한 난방

태양으로부터 오는 복사에너지를 주택이나 건물의 구조를 이용해 직접 유용한 열에너지로 변환하여 사용하는 일반적인 방법을 자연형 태양에너지시스템이라 한다.

직접채광을 이용한 난방

태양으로부터 쏟아지는 복사에너지를 주택이나 건물의 유리 창문을 통해 난방에 그대로 활용하는 방법이다. 예로부터 주택 설계 시 남쪽 방향을 선호한 이유도 햇빛을 최대한 활용하기 위함이다. 현재는 80%

그림 6-2. 직접획득형 주택

의 인구가 아파트 생활을 하므로 모든 주택이 남쪽방향을 갖기에는 어려움이 많다.

자연채광을 활용해 에너지 보존과 효율을 높이기 위해서는 다음 사항을 고려해야 한다. 겨울철 햇빛에 의한 난방을 더 원한다면 거실과 침실은 남쪽에 배치하는 것이 효과적이며, 남쪽 창을 크게 하고 북쪽 창은 작게 만들어야 태양열의 효율을 높일 수 있다. 유리창의 경우에는 2중 3중을 사용하고, 두 개의 유리면 사이를 진공으로 두어 단열 효과에 의한 태양열의 손실을 줄일 수 있다.

축열벽을 이용한 난방

건물의 일반 벽을 축열벽으로 바꾸어 설치하면 태양의 복사에너지는 축열벽에 저장되고, 밤에는 주택 내부 공간으로 열을 복사하여 난방에 활용하는 방법이다. 축열벽은 열을 저장할 수 있는 다양한 물질을 포함하고 있고, 하나의 벽뿐만 아니라 여러 개의 벽과 이 외에도 마루를 축열벽, 축열마루로 활용할 수 있다.

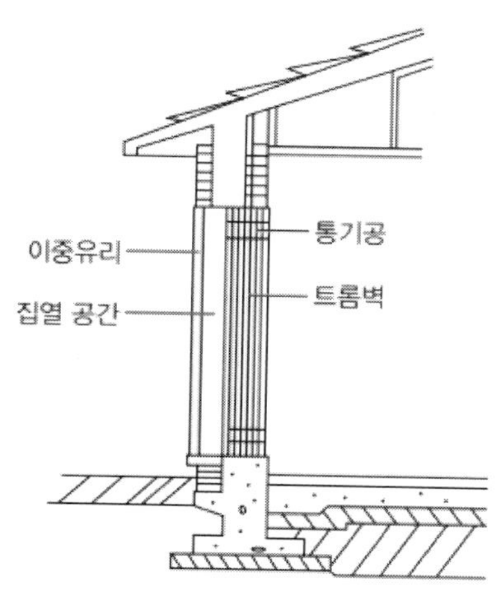

그림 6-3. 축열벽과 축열마루

온실을 이용한 난방

주택의 남향 외부에 별도의 온실을 부착하여 온실의 열이 대류에 의해 주거공간으로 이동하여 난방을 하는 방식이다. 난방의 효율을 높이기 위해서 부착온실의 바닥에는 축열체를 두고, 창은 채광을 최대화하도록 설계한다(그림 6-4).

그림 6-4. 부착온실형주택

태양열을 효율적으로 사용하는 시스템

편리한 전기를 사용하면서 자연광의 이용을 잠시 외면했으나, 지구 환경문제와 에너지 고갈의 문제로 자연광을 효과적으로 사용하는 방법들이 모색되고 있다. 자연광으로부터 얻은 에너지를 가정이나 발전소에서 이용하려면 별도의 장치들을 이용하면 좀 더 효율적으로 사용할 수 있다.

태양열의 흡수, 저장, 열변환 등을 별도의 장치를 통하여 건물의 냉난방 및 온수와 발전등에 활용하는 기술을 태양열에너지시스템 이용기술이라 한다. 태양열이용시스템은 집열부, 축열부, 이용부로 구성된다.

집열부

태양복사에너지를 난방과 온수에 이용하기 위해 필요한 기술은 전기를 생산하는데 사용하는 기술보다 훨씬 간단하다. 태양열이용시스템의 가장 중요한 부분은 태양복사에너지를 모으는 집열장치(solarthermal collector)이다. 집열장치는 말 그대로 태양으로부터 오는 복사에너지를 열로 모아두는 장치로 다양한 형태로 만들 수 있다(그림 6-5). 태양열에너지시스템은 활용온도가 90℃ 이하이면 저온형으로 산업용, 주거용건물의 난방과 온수, 농산물 건조 등에 주로 이용되며, 300℃ 이상은 고온형으로 높은 온도를 사용하여 태양열발전에 활용할 수 있다. 집열 온도에 따라 집열기의 형태를 나눌 수 있다(표 6-1).

표 6-1. 태양열 집열기 분류(출처: 신재생에너지백서, 2020)

구분	저온형	중·저온형	고온형
활용온도	90℃ 이하	150℃ 이하	300℃ 이상
집열기	평판형 집열기	진공관형 집열기	접기형 집열기, 타워형 집열기 구유형 집열기
적용분야	온수, 건물난방, 농수산 분야	건물 냉난방, 산업공정열	발전용, 우주용

집열장치의 구성부분 중 핵심은 빛을 흡수하는 장치로 모든 집열장치에는 흡수장치(absorber)가 반드시 들어 있다. 집열장치 중에서 가장 널리 사용되는 평판형 집열장치나 진공관형 집열장치는 빛을 투과하는 윗부분의 투명판(유리나 플라스틱으로 만들어진)이 빛을 빨아들이는 내

부의 흡수장치를 덮고 있는 형태로 이루어져 있다. 빛이 들어오면 그 속에서 온실효과가 일어나서 뜨거운 열이 생성된다. 집열판의 아랫부분과 옆 부분은 열 손실을 가능한 한 줄이기 위해 두터운 단열재로 둘러싼다. 집열기의 재질은 동(copper), 알루미늄, 철, 플라스틱 등이 있는데 이중에서 동으로 만들어진 제품의 성능이 가장 우수하고 수명이 길다.

최근 집열기분야에서는 집열기의 제조공정 및 제조원가를 줄이기 위한 폴리머 소재의 집열기, 지붕일체형 집열장치와 같은 건물외장재용 태양열 집열장치, 120~150℃ 전후의 중온용 태양열 집열기 등의 개발을 위한 연구가 진행 중에 있다.

태양열 집열판을 통해 물을 데워 주택의 난방이나 온수공급을 해결하려는 태양열 주택 등은 태양에너지 중에서도 적외선을 주로 이용하는 기술들이다. 하지만 태양광은 적외선 외에도 감마선, X선, 가시광선, 자외선, 전파 등 매우 다양한 파장의 빛들을 포함하고 있다. 이 다양한 종류의 빛들을 에너지원으로 우리 생활에 유용하게 활용하기 위한 새로운 기술들을 끊임없이 개발해야 한다.

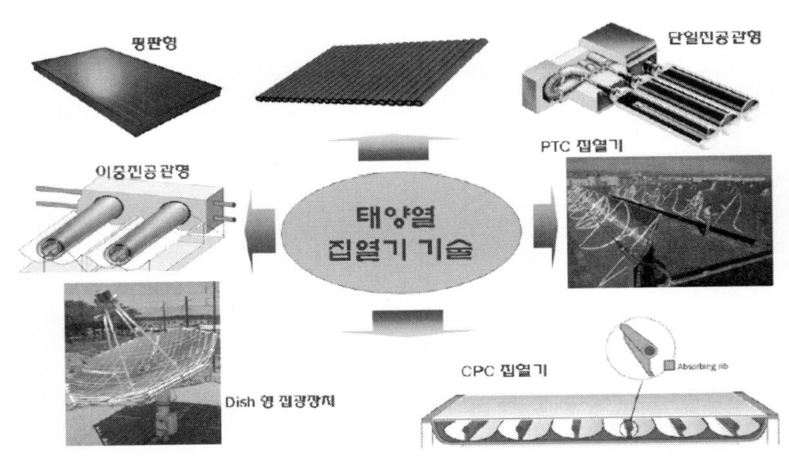

그림 6-5. 집열기의 종류(출처: 신재생에너지백서, 2020)

축열부

축열조는 집열기와 더불어 태양열시스템의 핵심기술로 축열부는 집열판에서 모아진 태양열을 저장했다가 필요한 시간에 사용할 수 있도록 태양열을 공급하는 장치다. 최근 주택용 축열조는 구조가 간단해져 설치가 간편하다.

이용부

축열부에 저장된 태양열을 효율적으로 난방과 온수에 공급하는 곳으로, 태양이 비추지 않고 축열조의 열이 부족할 경우에는 보조열원을 사용한다(그림 6-6).

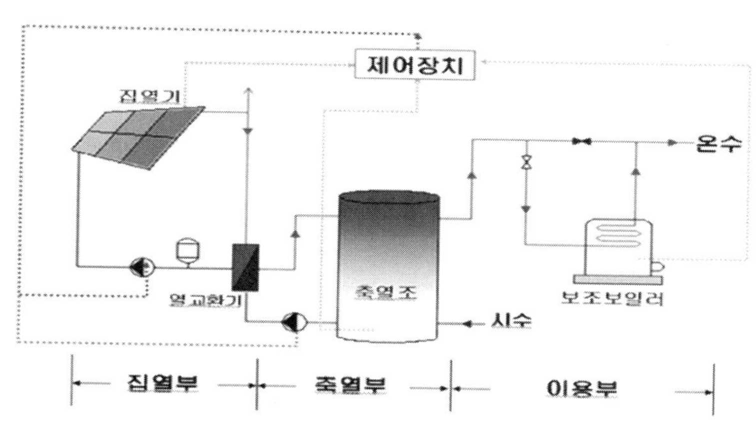

그림 6-6. 태양열에너지시스템 구성요소(출처: 신재생에너지백서, 2020)

태양열에너지의 효율적 활용

태양열로 건물의 온수 및 난방에 이용할 뿐 아니라 태양열 조리기,

농수산물 건조, 산업공정에 필요한 열의 제공부터 태양열발전까지 태양열의 활용범위가 매우 넓다고 할 수 있다.

태양열 난방과 온수

태양열에너지로 물을 데워 온수로 사용할 경우 태양열온수기는 태양열 집열판과 축열조로 구성되어 있다. 집열판에 의해 데워진 열매체가 축열조에 있는 물을 데우는 방식으로, 펌프 등의 동력을 사용하지 않고 뜨거워진 열매체가 축열조로 옮겨지면 축열조 안의 물에 열을 전달하고 차가워진 열매체는 다시 집열판 쪽으로 들어가 태양열에 의해 가열된 후 축열조로 열을 전달하는 열매체 순환방식으로 온수를 공급한다(그림 6-7). 이를 자연 순환형 태양열 온수기라 하고 일반주택에 설치된 태양열 온수기는 모두 이 방식으로, 유지 보수비가 적게 드는 장점을 가지고 있다.

집열판에서 데워진 온수를 이용하는 태양열난방시스템은 축열조에

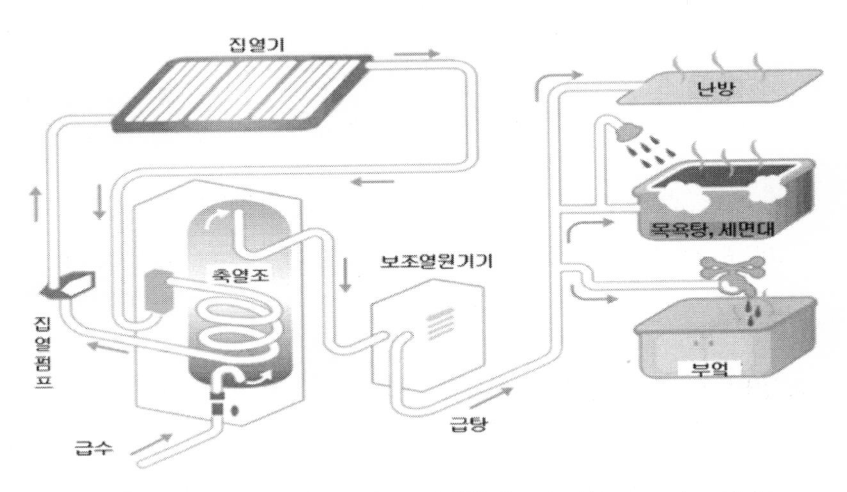

그림 6-7. 태양열온수와 난방시스템(출처: http://www.ssda.or.jp)

있는 물을 난방에도 사용한다. 맑은 날 축열조에 저장된 뜨거운 물로는 약 3일간의 난방 및 온수로 사용이 가능하나, 흐린 날이 계속될 경우 또는 열이 충분하지 않을 경우를 대비해 보조열원의 도움이 반드시 필요하다. 대부분의 경우 기존에 사용하던 석유, 도시가스 또는 심야전기와 병행해서 난방을 한다.

최근 태양광과 히트펌프 등의 보급으로 인하여 단독주택이나 공동주택 온수 공급용 소규모 태양열시스템 보급설비의 60% 수준은 소형 자연순환형 태양열온수기 시장이 차지하고 있다.

태양열을 이용한 조리기

요리에도 태양열을 활용할 수 있다. 여름철 뜨거운 한낮에 철판이 햇빛을 받으면 철판의 온도가 80℃까지 올라가는데, 이 현상을 기술로 강화하면 온도를 더 높일 수 있어 요리도 할 수 있다. 태양열 조리기 중 가장 널리 퍼져 있는 것이 일반 접시형 태양열 조리기이고, 이 외에도 셰플러(Scheffler) 조리기 등 다양하게 있다.

그림 6-8. 태양열 조리기(출처: 에너지팜)

가장 널리 사용되는 접시 형태의 태양열 조리기는 맑은 날을 기준으로 물 1 L를 끓이는데 약 10분 정도의 시간이 소요되고, 알루미늄 반사판을 사용하는 조기기는 빛 반사율이 약 84% 정도로 다양한 요리를 하는데 적합하다. 단, 태양열 조리기 사용 시에는 반사된 빛으로부터 눈을 보호하기 위해 선글라스 착용이 필수이다.

독일의 물리학자 '볼프강 셰플러'가 개발한 셰플러(Scheffler) 조리기는 큰 접시처럼 생겼으며, 태양의 이동경로를 스스로 추적하는 시스템이 부착되어 있다(그림 6-9). 반사판의 추적장치를 이용해 햇빛을 집중시키면 온도는 약 400℃~500℃까지 올릴 수 있어서 다양한 요리를 할 수 있다. 조리기의 핵심 장치는 파라볼 형태로 된 반사판이다. 반사판에서 반사된 빛은 초점으로 모이는데, 맑은 날에는 2 L의 물을 2분에 끓일 정도로 온도를 높일 수 있는 조리기이다.

태양열 조리기는 전기, 가스, 나무 등 조리를 위한 연료를 공급받기 어려운 사막 또는 재난지역에서 유용하게 사용할 수 있고, 화석연료와 같은 기존의 취사 연료를 대신할 중요한 에너지원으로도 사용할 수 있다.

그림 6-9. 쉐플러 조리기(출처: 에너지전환)

보통 나무를 사용해 취사를 하는 아프리카나 인도 등지에서 유용하게 사용된다. 이 지역에서는 태양열 조리기의 사용으로 숲을 보호하는 데 큰 도움을 줄 뿐 아니라 숲이 황폐화되고 나무가 사라져 수 킬로미터 떨어진 곳까지 가서 나무를 가져와야만 밥을 지을 수 있는 이 지역 여성들의 수고도 덜어줄 수 있다. 6-7인용 쉐플러 조리기 하나를 사용할 때 절약되는 나무를 이산화탄소로 환산하면 연간 약 5톤이나 된다고 한다.

태양열로 만든 전기

태양열발전은 태양의 열에너지를 전기에너지로 만드는 것으로 태양열 에너지를 반사판을 통해 집중시켜면 1000℃ 가까운 열을 얻을 수 있는데, 이 열을 이용해 증기를 만들고 터빈을 돌려 전기를 생산하는 것이다. 이때 반사판은 간접광을 이용하지 않고 직광만을 이용해야 하 므로, 태양열발전을 하기에는 구름이 적고 햇빛이 강한 지역이면서 넓은 설치 공간이 필요하다. 이런 조건을 충족시키는 대표적인 적합지역으로 사막이 최적지라 할 수 있는데, 이러한 사막의 1%만 태양열발전 시설을 설치

그림 6-10. 태양열발전시스템 종류(출처: 신재생에너지백서, 2020)

한다면 전 세계의 전기 수요가 모두 충족될 수 있을 것으로 추정된다.

태양열발전시스템은 구유형, 타워형, 접시형과 선형 프레넬형의 종류가 있다(그림6-10). 구유형과 타워형의 태양열발전시스템은 이미 상용화되고 있다. 타워형 태양열발전시스템은 반사판과 전력타워로 이루어지며, 반사판에는 추적장치를 설치하여 태양의 움직임에 따라 이동하면서 태양열을 모아 중앙에 위치한 전력타워로 보낸다. 전력타워에서 모아진 고열로 증기를 발생시켜 터빈을 구동하여 전기를 만드는 것이다.

2007년 세계 최초로 태양열발전 상업운전을 시작한 스페인의 세비아 도시에서는 42~43℃의 높은 기온과 도시 인근의 넓은 사막을 활용해 축구장 250 개에 해당되는 면적에 반사판 1897개를 사용한 31 MW 규모의 타워형 태양열발전시스템으로 세비아에 전기를 공급하고 있고, 화석연료 대신 태양열발전소가 가동되면서 약 175,000톤의 이산화탄소 발생을 방지한다고 한다. 또한, 스페인의 안다솔 태양열발전소는 사용하고 없는 밤에 저장된 열을 꺼내 태양열발전을 하는 축열식 태양열발전소로 남은 태양열에너지를 소금 창고에 열에너지형태로 저장한 다음, 햇빛

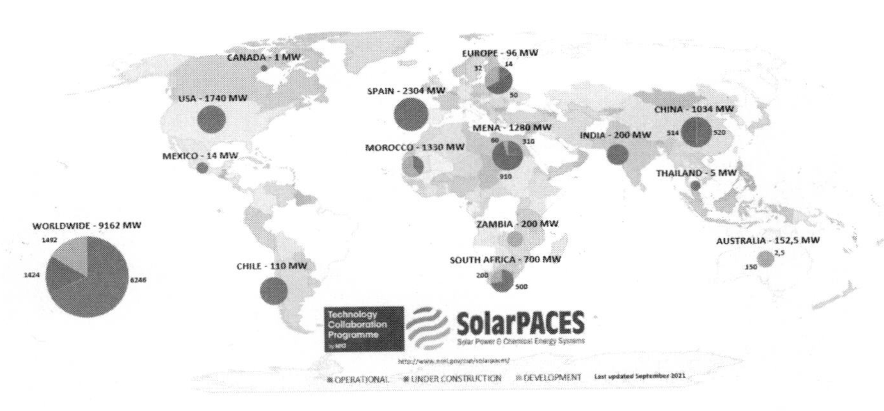

그림 6-11. 전 세계적으로 운영, 건설, 계획 중인 태양열발전시스템 현황
(출처: 신재생에너지백서, 2020)

이 알려져 있다.

이후 태양열발전시스템이 미국, UAE, 중국, 남아프리카 등 지역에 보급되면서 전 세계 태양열발전 시장은 계속 성장할 것으로 전망하고 있다. 2020년 기준 태양열발전 설치용량은 운영되고 있는 발전소와 함께 건설과 계획 중인 것을 포함하면 9.2 GW로 전 세계적으로 운영, 건설, 계획 중인 태양열발전시스템 현황은 그림 6-11과 같다.

국내에서는 충분한 태양열을 얻을 수 있는 일사량이 적합한 지역의 제약요소가 있어 태양열발전시스템 개발이 활발하게 이루어지지 않고 있다. 그러나 21세기를 대비하고 태양열발전시스템의 원천기술 확보를 통해 해외수출기반을 마련하기 위한 기술개발의 필요에 따라 2011년 국내에서는 최초로 대구에 450여 개의 반사경을 이용한 200 kW 규모의 타워형 태양열 발전시스템의 가동을 시작하여 약 60여 가구의 전기를 충당하였으나, 국내 일사량 부족 때문에 전력 생산 미비등으로 사업을 지속 하기 어려워 결국 2019년에 철거되었다(그림 6-12).

무한정 공급되는 청정연료로 태양열에너지를 사용할 수 있어 21세기 가장 유용한 에너지원 중 하나이다. 앞으로도 태양열발전은 태양열을 고온 상태로 높일 수 있는 집열시스템의 기술개발과 고온에 견딜 수 있는 신소재의 개발 및 첨단요소 기술 개발이 요구된다.

그림 6-12. 대구시 타워형 태양열발전(출처: 대성그룹)

07

태양광 발전

태양 빛으로 만드는 전기

태양에너지는 수소 원자핵이 헬륨원자핵으로 변화하는 핵융합 반응을 통해 발생하는 막대한 에너지가 전자파로 방사되어 지구상에 빛으로 도달하는 것이다. 지구에 도달한 태양에너지의 일부는 우주로 반사되고, 나머지의 절반은 열로 바뀐다. 태양에서 오는 빛(전자기복사선)은 매우 짧은 파장에서 긴 파장까지 다양한 파장을 가지며, 이 가운데에 파장이 380 nm보다 짧은 빛을 자외선, 380~780 nm의 빛은 가시광선, 780 nm 이상의 빛을 적외선이라 부르며 파장이 짧은 빛일수록 큰 에너지를 지니고 있다(그림 7-1). 이 중에서 우리의 눈에 보이는 빛을 가시광선이라 한다. 태양광 발전은 태양이 가진 빛에너지를 전기에너지로 변환하는 기술이다. 태양광 발전은 반도체로 만들어진 태양전지가 빛을 받으면 광전효과(photoelectric effect)에 의해 전자의 이동이 일어나 전기를 생산한다.

1970년대 두 차례에 걸친 석유파동 이후 미국과 유럽을 중심으로 화석

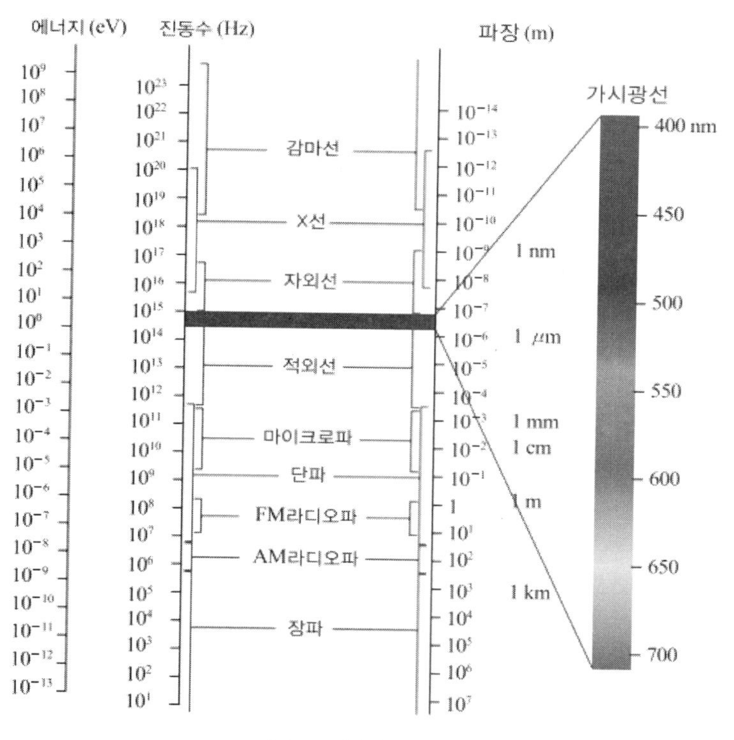

그림 7-1. 빛의 스펙트럼

연료에 의존하는 에너지 형태의 변화가 요구되면서 태양광 발전의 본격적인 연구와 급진적인 상업화가 시작되었다.

태양광 발전시스템은 빛을 받아 전기를 생산한 후 반도체인 태양전지(solar cell)와 태양전지로 구성된 모듈(module)과 모듈(여러 모듈의 집합체인 어레이)에서 발생된 직류(DC)전력을 모아 인버터로 전달하는 접속함 및 태양전지에서 생산된 직류전기(DC)를 교류전기(AC) 전기로 바꾸는 인버터(inverter)기기로 구성되어 있다. 전력변환장치인 인버터는 태양전지 어레이에서 발생된 직류전기를 상용주파수 교류로 전환하여 전력계통에 연결하는 장치로 태양전지 본체를 제외한 주변장치 중에서

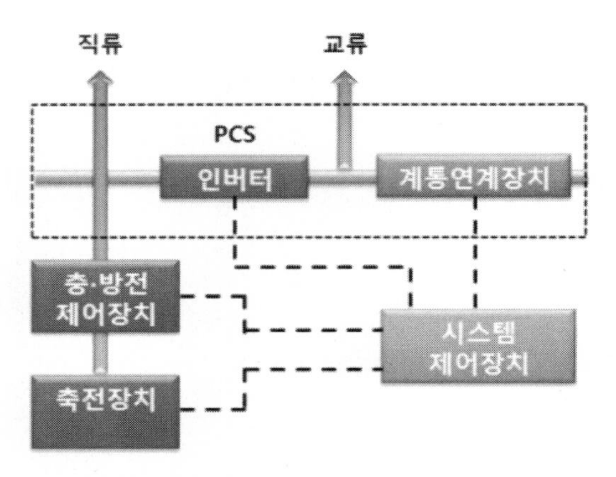

그림 7-2. 태양광 발전시스템 구성요서(출처: 신재생에너지백서, 2020)

신뢰성과 가격 저감에 중요한 부분이다. 그 외에 낮에 생산된 전기를 밤에 사용할 수 있도록 전기를 저장하는 축전지(battery)도 포함된다(그림 7-2).

태양전지

태양전지(solar cell)는 1954년 미국에서 개발된 기술로 태양광발전의 핵심부품이며, 태양의 빛에너지를 전기에너지로 변환시키는 반도체소자이다. 태양전지의 최소 단위를 셀(cell)이라고 하고 보통 셀 한 장에서 약 0.5~0.6 V의 낮은 전압이 나오므로 여러 장을 직렬로 연결하여 수 V에서 수십 V 이상의 전압을 얻도록 제작한다. 이렇게 제작한 것을 모듈(module)이라 한다. 이러한 모듈을 여러 장 직병렬 연결하여 태양빛이 많이 입사할 수 있도록 지지대를 이용하여 부하의 용량에 맞게 구성 설치한 것을 시스템(어레이)이라 한다(그림 7-3).

태양전지 시스템은 비, 바람, 우박 등 기상악화 조건에 견딜 수 있도록

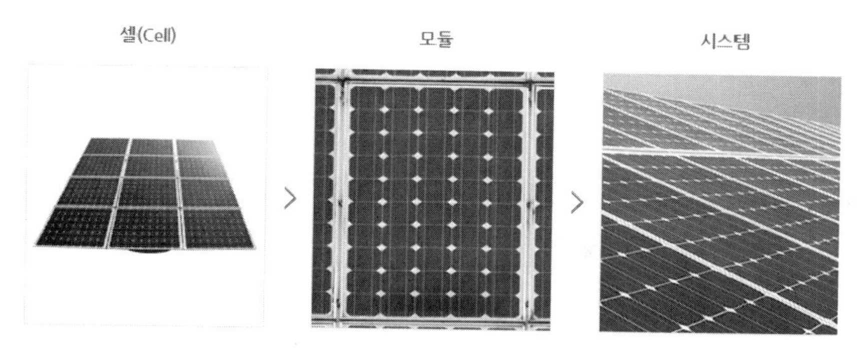

그림 7-3. 태양전지의 구성(출처: 신재생에너지센터)

내구성이 있는 구조물로 장착되어야 하고, 태양 빛이 많이 입사될 수 있도록 장착 구조물들은 태양을 추적할 수 있도록 설계한다. 태양전지 시스템이 완전하려면 태양 빛이 있는 낮뿐만 아니라, 밤이나 흐린 날에도 전기를 사용할 수 있도록 기존 전력망과 연결하여 사용하거나, 발전량 편차가 심하므로 안정된 전력공급을 위해 전기를 모았다가 필요시 사용할 수 있는 저장방법의 추가적인 기술개발이 요구된다.

가장 일반적인 실리콘 태양전지의 기본 구조는 그림 7-4와 같다. 단결

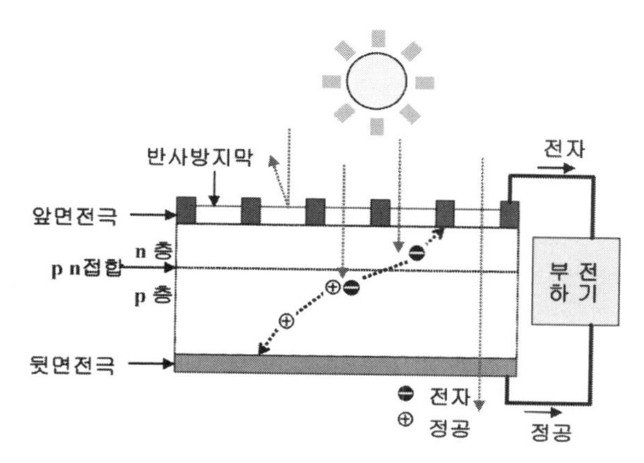

그림 7-4. 태양전지의 원리(출처: 에너지백서, 2020)

정실리콘 태양전지는 실리콘에 15족 원소들인 인, 비소, 안티몬 등을 미량 첨가시켜(도핑, dopped)만든 여분의 전자를 가지는 n-형 반도체(n-type semi conductor)와 붕소와 같은 원소를 도핑시켜 만든 전자가 부족한 p-형 반도체(p-type semi conductor)를 접합시켜 만든 p-n접합(p-n junction)구조이다. p-n접합 구조의 태양전지는 태양 빛을 받게 되면, 광전효과에 의해 두 반도체의 경계면에서 전자(electron)와 정공(hole)의 쌍을 발생시킨다. 전자는(-)전극으로, 정공은(+)전극으로 모여 내부 전위차를 형성하고, 각각의 반도체 전극에 전선으로 연결하면 전자가 외부도선을 따라 흐르게 되어 전류가 발생한다.

표 7-1. 태양전지의 종류

종류		특징	변환효율
실리콘계	단결정	180μm 정도의 실리콘 기판 사용	~23%
	다결정	단결정보다 효율 낮음	~19%
	박막계	효율 낮음	~8%
화합물계	CdTe 계	Cd,Te을 원료로 하는 박막형 저가격	~18%
	CIGS 계	Cu, In, Se을 원료로 하는 박막형 고성능 기능	~19%
	집광계	III족과 V족 원소로 된 화합물 연구단계	셀효율 (~38%)
유기계	염료감응	TiO2에 흡착된 염료가 광을 흡수 연구단계	셀효율 (~12%)
	유기박막	유기반도체 이용, 박막형 연구단계	셀효율 (~12%)
유/무기계	페로브스카이트	유/무기화합물인 페로브스카이트가 광을 흡수 연구단계	셀효율 (~22%)

태양전지의 반도체들은 재료의 성분에 따라 실리콘계, 화합물반도체와 유기물질 그리고 유・무기계로 나누어진다. 또한, 태양전지는 태양빛의 흡수 층의 형태에 따라 결정형과 박막형으로 구분된다. 현재 주로 상용화 되는 것은 실리콘(Si)결정계 태양전지이다.

실리콘 태양전지는 결정상태에 따라서 단결정실리콘(monocrystaline silicon)태양전지, 다결정실리콘(multicrystaline silicon) 태양전지로 분류한다. 이들 중에서 단결정실리콘의 가격이 가장 비싸고, 다결정, 비결정형 순으로 가격이 내려가는데 현재 결정형실리콘 태양전지가 전체 태양전지 시장의 90% 이상을 점유하고 있다.

박막형 태양전지는 저렴한 생산단가와 폭넓은 활용 분야를 가지고 있어 차세대 기술로 주목을 받고 있다. 현재 박막형태양전지 중 CdTe 박막형태양전지와 CIGS 박막형태양전지의 경우 효율이 향상되었고 저가 생산이 가능한 장점이 있지만 아직 전체 태양전지 시장 점유율은 5~6%로 낮은 편이다. 박막형 태양전지 중 시장점유율이 높은 CdTe 박막형 태양전지는 원료 소재 확보 문제와 Cd(카드뮴)원소의 독성 문제를 해결해야 하고, CIGS 박막형태양전지의 경우 대량생산을 위한 연구가 더 필요할 것으로 예상된다.

태양전지의 성능을 판단하는 중요한 항목이 '광전변환효율'이다. 광전변환효율은 태양의 빛에너지가 전기에너지로 얼마만큼 변환 할 수 있는가를 나타내는 수치이다.

$$\text{광전변환효율(\%)} = \frac{\text{생산된 전력량}}{\text{태양 빛에너지}} \times 100$$

현재 상용화되고 있는 태양전지 셀의 경우 단결정 셀(156 mm × 156 mm)의 평균효율은 21.5~22.5%이며, 다결정 셀의 평균효율은 18~

19%이다. 즉 태양 빛의 일사 강도가 1 kW/m^2라면 태양전지는 0.18 kW/m^2의 전력을 얻을 수 있다는 의미로 전 보다는 효율이 증가하고 있지만 태양전지의 변환효율이 만족할 만한 정도는 아니다. 광전변환효율이 100%가 되지 않는 이유는 태양전지 셀 표면에서 빛의 일부는 반사되고 셀 속으로 전달되지 않기 때문이고, 태양전지에 빛이 흡수 될 때 입자들이 생겨나 전기를 발생시키지만, 태양 빛 중 긴 파장의 빛이나 약한 빛은 입자를 발생시키지 못하거나, 입자가 발생한다 해도 전극까지 도달하지 못하는 입자들도 있다. 이 외에도 태양전지의 재료나 전극 부분의 내부저항이 전기의 일부를 소비하여 열로 변환시키기 때문이다. 현재 보고된 결정질 실리콘 태양전지의 세계 최고효율은 26.7%로 이미 이론적 효율에 가깝게 발전해 더 이상의 효율향상을 기대하기 어려운 상황이다.

광전변환효율을 높이려는 노력으로 근래에 개발되고 있는 분야가 유기계 태양전지가 있다. 유기계 태양전지에는 염료감응형과 유기물 태양전지로 나누어진다. 염료감응형 태양전지는 1991년 스위스 로잔공대(EPFL)의 미카엘 그라첼(Michael Gratzel)교수가 처음 개발에 성공한 것으로, 기판에 흡수된 특정 염료가 빛을 흡수하여 전기를 생산하는 방법이다. 값비싼 반도체 물질 대신 값이 저렴한 유기염료를 사용하는 것이다. 무기물 기판위에 유기염료를 얇게 입혀 태양 빛을 받으면 유기염료는 양극과 음극으로 갈라져 전기를 만드는 것이다. 염료감응형 태양전지는 종이처럼 얇고 유연성과 투명성을 지니도록 제작이 가능하여 다양한 제품에 응용할 수 있고, 다양한 염료를 사용하여 많은 색상을 나타낼 수 있으며 생산비용도 저렴한 장점을 지니고 있으나 에너지 변환효율이 10% 초반의 낮은 단점을 가지고 있다.

유기물 태양전지는 흡수층의 구성 재료에 따라 고분자계와 유기단분자계로 구분되며, 박막형 태양전지로 가공하여 사용한다. 유기물 박막 태양전지는 유연성 및 가공성이 좋아서 가볍고 투명하게 아주 얇게 만들 수 있고, 휘어지도록 만드는 것이 가능하다. 따라서 건물의 창문과 벽, 자동차 유리에 붙이는 방식으로 사용하면 손쉽게 태양광 발전 장치를 설치할 수 있는 장점을 지니고 있다. 그러나 에너지 변환효율이 낮고 수명이 짧다는 단점이 있다. 비록 낮은 에너지 변환효율의 문제이지만 저가화 측면에서 볼 때 대규모 태양전지의 상용화를 위한 방안으로 상당히 매력적이다.

결정형 실리콘 태양전지의 경우 최근 국내・외 연구진들의 기술 개발에 의해 모듈의 효율이 지속적으로 증가하고 있는데, 이 중 차세대 기술로 주목 받고 있는 페로브스카이트(Perovskite)는 광전변환효율이 약 10%에서 25% 이상으로 큰 효율 향상을 보이고 있다. 페로브스카이트 태양전지 분야는 국내 여러 연구팀에서 원천 기술을 연구 진행하고 있고, 최근에는 상용화를 위해 유연성, 대면적 태양전지 기술 개발에 적극적으로 시도가 이루어지고 있다.

태양광 발전시스템 유형

태양광 발전시스템은 주택용, 공공산업용의 경우 대부분 지붕 위나 건물 꼭대기에 태양전지를 설치한다. 태양의 위치는 사계절에 따라 변하므로 태양전지 모듈로 받아들여지는 빛의 양은 계절에 따라 달라지게 된다. 태양전지를 지붕 위에 설치할 경우 모듈을 모두 정남향으로 배치하는 것이 최상이지만 주면 건물의 위치나 주변 환경에 미치는 영향을 고려해 설치해야 한다. 태양광발전시스템은 독립형, 계통연계형 그리고 하이브리드 시스템으로 분류한다.

독립형시스템

독립형 시스템은 규모에 상관없이 태양광 발전시스템에서 얻은 전력을 다른 상용 전력계통과 관계없이 단독으로 수요처에 전기를 공급하는 시스템이다. 야간 혹은 우천시 태양광 발전을 기대할 수 없는 경우 발전된 전력을 저장하는 축전장치에 접속하여 부족한 전력을 공급한다. 독립형 시스템은 축전지가 충전과 방전을 행하는 과정에서 효율이 떨어지는 점과 폐축전지의 처리에 따른 환경문제가 단점이 된다. 그러나 독립형 시스템은 소형가전, 오지, 도서지역 양수펌프, 안전표지, 등대, 인공위성, 중계소 등 한전 전력망을 이용할 수 없는 경우 전력을 공급하기 위해 사용할 수 있으며, 전력이 부족한 지역 주민들에게 유용하게 사용될 수 있다(그림 7-5).

그림 7-5. 독립형 태양광 발전시스템

계통연계형 시스템

계통연계형 발전시스템은 일반주택과 산업용 태양광 발전에 가장 많이 사용되는 일반적인 형태로 주택과 건물에 설치된 소규모 태양광 발전시스템뿐만 아니라 대규모 태양광 발전시스템에 한전의 계통선을 직접 연결하여 사용하는 것이다. 야간이나 우천시 태양광 발전 전력이 부족할 때에는 한전 계통선에서 부족한 전력을 공급받아 사용하고, 반대로 태양광 발전시스템에서 공급된 전력이 사용하고 남을 때에는 여분의 전력을 한전 계통 전원으로 역송하도록 하는 방식이다(그림 7-6).

계통연계형 발전시스템은 독립형 발전시스템에서 사용되는 고가의 축전장비가 필요하지 않아 발전시스템의 효율이 개선되는 장점을 가지고 있다. 따라서 보수가 용이한 계통연계형 발전시스템은 주택과 건물에 사용하기 위한 이상적인 발전 형태라 할 수 있다.

그림 7-6. 주택의 지붕에 설치된 태양광 발전시스템

하이브리드 시스템

하이브리드 시스템(hybrid system)이란 태양광 발전시스템에 풍력발전, 열병합발전, 소수력발전, 디젤발전 등 타 에너지원을 이용한 발전방식과 결합하여 축전지 의존을 줄이고 전력을 원활하게 공급할 수 있는 상호보완적으로 전력을 공급하는 방식이다

태양광 발전시스템 중 독립형의 경우, 일조시간이 짧아지는 겨울철이나 긴 장마철에는 축전지의 용량을 증가시켜야 하나 일조량이 풍부한 봄, 여름에는 시설의 낭비가 있을 수 있다. 이런 경우 적당한 규모로 저장 시설을 유지하면서 정해진 시설이나 지역마을에 필요한 양의 에너지를 충족할 수 있도록 다른 에너지원을 함께 사용해 전력을 원활하게 공급하는 하이브리드 태양광 발전시스템을 이용한다(그림 7-7). 예를 들면, 풍력자원이 풍부한 섬 지방의 경우 풍력발전과 태양광 발전을 결합한 하이브리드 시스템을 사용하는 곳이 늘어나고 있다.

그림 7-7. 풍력발전기를 포함하는 하이브리드 태양광 발전시스템(제주)

태양광 발전의 국내 · 외 동향

태양광 발전은 화석연료의 고갈문제와 지구온난화가 대두되면서 에너지문제를 어느 정도 해결할 수 있는 대안으로 떠올랐다. 태양광 발전은 신성장 동력산업의 선두주자로 각광받으면서 2006년 이후 폭발적으로 성장했으나 2008년 글로벌 금융위기와 중국의 공급과잉 문제로 2010년 전후로 태양광 시장이 주춤했었다. 그러나 2011년 3월 일본의 후쿠시마 원전사고 이후 태양광 발전에 대한 긍정적인 인식이 확산되었고, 태양전지의 가격하락에 힘입어 2013년 하반기 이후 꾸준한 시장 회복에 힘입어 2015년 약 50 GW를 초과하는 시장규모를 이루었고, 2015년 말 파리협정 이후 전 세계는 기후변화 위기대응을 위한 방안으로 태양광발전의 보급을 더욱 늘리게 되면서 세계 누적 설치 용량은 2019년 기준 645 GW로 예상되고 있다. 중국, 일본, 독일, 미국 및 동남아시아, 아프리카, 남미 등에서 태양광발전 시스템의 설치량이 확대되면서 세계 태양광 발전 시장은 앞으로 계속해서 증가할 것으로 전망된다(그림 7-8).

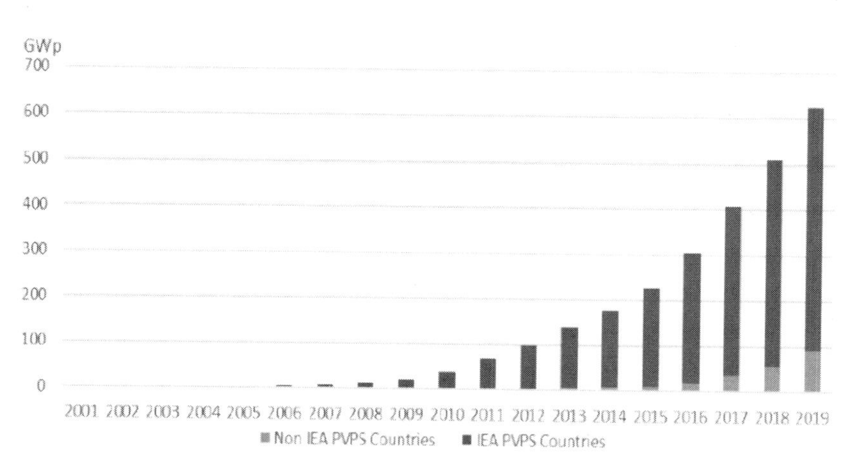

그림 7-8. 세계 태양광발전 누적 보급현황(출처: 신재생에너지 백서, 2020)

태양광 발전시스템은 에너지의 원료인 태양 빛은 무한하고 무료이므로 원료비가 필요 없고, 화석연료처럼 이산화탄소나 대기오염물질을 발생하지 않는 친환경적인 전력생산 시스템이다. 또한 태양 빛이 있는 곳이면 어디든지 설치가 가능하다. 그러나 빛이 없는 곳에서는 전기를 생산할 수 없기 때문에 흐린 날씨, 장마철, 태풍 등의 영향으로 비교적 장기간 태양전지가 작동할 수 없는 경우를 대비해야 한다. 즉, 전기생산량은 날씨에 좌우되고 넓은 면적을 필요로 한다는 문제점이 있다. 또한, 태양전지의 가격이 비싸 태양광 발전시스템을 건설할 때 과다한 초기 투자비가 요구되므로 상용전력에 비하여 발전단가가 높지만, 다른 발전방식에 비해 유지하는데 비용이 저렴하고, 소음을 발생하지 않는다.

태양광 발전시스템은 에너지 자립과 환경문제를 해결하고 탄소중립 정책에 대응하며 신성장 동력을 창출할 수 있는 에너지원으로 세계 각국의 신재생에너지 중점기술 중 하나이다. 국내에서도 태양광발전 보급시장은 최근 급속한 성장세를 보이고 있으며, 2016년에는 5,515 GWh, 2021년 24,717 GWh로 태양광 발전량은 꾸준히 증가하는 것을 볼 수 있다(그림 7-9).

다행히 태양광발전시스템 가격의 약 30%를 차지하는 태양전지의 가격이 조금씩 하락하고 있고, 저가이면서 에너지변환효율을 향상시킨 새로

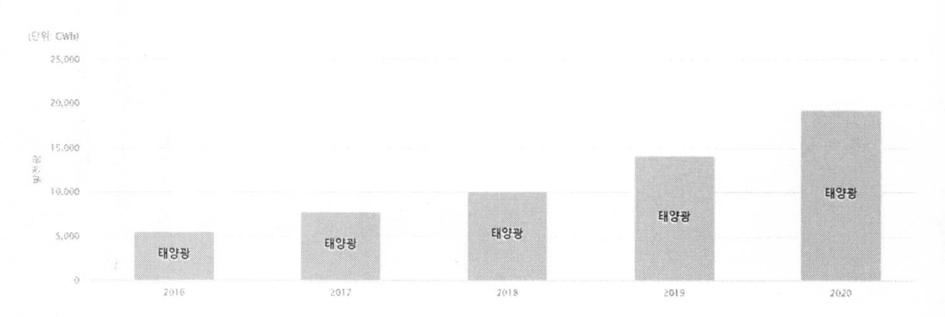

그림 7-9. 국내 태양광 발전량(출처: 신재생에너지센터)

운 소재의 태양전지 기술개발로 상용화가 이루어진다면 태양광 발전시스템을 보급하고 활성화하는데 큰 영향을 줄 것이다. 따라서 지속적인 연구와 기술개발은 관련 산업의 성장에 주도적인 위치를 차지할 가능성이 있다고 예측되며 국내의 에너지 자립에도 기여할 것으로 기대된다.

국내의 경우 태양광발전의 보급을 늘리는데 지역에 따른 일사량 차이와 국토의 65~70%가 산지로 이루어져 있어 태양전지 설치장소가 제한적인 제약이 있다. 이러한 문제점을 해결하기 위한 다양한 방안들이 소개되고 있다. 별도의 설치 공간을 두지 않은 주택의 지붕이나 건물의 벽에 태양전지를 설치하면 채광과 함께 전기를 생산하면서 태양전지의 설치공간이 따로 필요하지 않은 장점이 있고, 최근 고속도로 휴게소 주차장 부지를 활용해 적용된 예도 있다. 기존 건물의 벽면에 설치된 박막형 태양전지는 기존의 결정형 태양전지보다 효율이 떨어지지만 가볍고 채광도 가능해 벽면으로서 활용도가 높다. 최근에는 '제로에너지 건축물'의 꿈을 실현시킬 수 있는 건물일체형 태양광(Building Integrated Photovoltaic System, BIPV)이 태양전지를 건물의 외장재로 사용하면

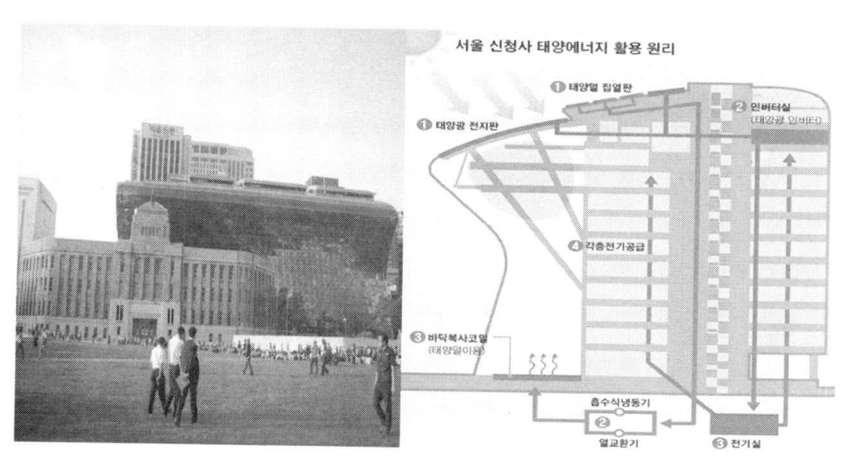

그림 7-10. 서울시청 신청사 태양광발전(출처: 조선일보)

서 에너지생산과 도시미관 개선효과도 얻을 수 있는 차세대 태양광발전으로 주목받고 있다. 서울시청 신청사의 경우 건물벽면에 1068장의 태양광 집광판을 설치하여 하루 200 kW의 전력을 생산하여 청사 전체 하루 전기 소비량의 23%를 충당하고 있다(그림 7-10).

또 다른 방안으로 최근에는 수상 태양광발전시스템을 가동하기 시작하였다. 수상 태양광발전은 건물의 옥상이나 산지가 아닌 호수나 저수지 수면 위에 태양광 발전시스템을 설치하는 발전 기술이다. 물 위에 떠있는 부유식 태양광 발전은 풍부한 일사량및 효율적인 공간 활용이 가능하며, 물의 증발도 막아준다(그림 7-11).

그림 7-11. 충남 보령댐 수상 태양광발전소(출처: 뉴스핌-수자원공사)

2009년 주암댐 2.4 KW 급 건설을 시작으로 2021년 국내 최대 규모(41 MW)의 합천댐 수상 태양광 발전 시스템이 가동에 들어갔다. 합천댐에 생산되는 전기는 연간 최대 6만여 명이 사용할 수 있는 규모이다(그림 7-12).

사막 같은 공간이 없는 우리나라의 경우 자연이나 농경지를 훼손하지

그림 7-12. 경남 합천군 함천댐에 조성된 수상태양광발전(출처: 한국수자원공사)

않고 공간을 활용한다는 점에서 매우 효과적이다. 그러나 수상태양광 발전시스템은 연간 일사량이 상대적으로 높은 지역이지만 일사량에 직접적인 영향을 주는 안개가 많이 발생하는 지역은 피해야 한다. 또, 상대적으로 높은 비용이 요구되고 육상보다는 유지보수도 상대적으로 까다롭다. 수상태양광 발전시스템이 더욱더 활발하게 보급되기 위해서는 이런 문제점 또한 해결해 나아가야 할 것이다.

태양광발전과 환경

2000년대 초반부터 시작된 태양광발전시스템이 빠르게 발전하고 있으나 태양광발전 시스템의 핵심부분인 태양전지 모듈(패널) 교체시기가 다가오고 있다. 친환경적 발전방식인 태양광발전의 모듈을 다 사용한 후에도 친환경적인 처리 방법이 필요하다. 폐 태양전지는 크롬, 카드뮴 같은 유해 중금속이 없어서 사용 후에는 각종 소재와 부품을 회수할 수 있어 친환경적으로 재활용하는 방법이 개발되고 있고, 생산에서 소비, 소비 후 폐기 및 재활용으로 이어지는 선순환 구조의 자리매김을 위한 기술개발이 필요하다. 또한 무분별한 에너지 생산이 아닌 자연과 조화를 이루는 태양광발전을 통해 탄소중립시대를 이끌어갈 태양광 발전의 미래를 기대한다.

08

풍력에너지

바람이 가지고 있는 에너지

인류는 아주 오래전부터 바람의 힘을 유익한 주요 에너지원으로 다양하게 활용해 왔다. 네덜란드를 상징하는 풍차는 바람의 에너지를 기계적인 에너지로 변환시켜 물을 퍼 올리거나, 제분의 목적으로 사용한 대표적인 예이다(그림 8-1).

지구를 덮고 있는 대기는 기체이며 우리 눈에는 잘 보이지 않지만, 계속 변화하며 끊임없이 이동하고 있다. 끊임없이 이동하는 대기를 우리는 바람을 통해서 느끼게 된다. 바람이란 대기의 흐름으로 대류권에서 지리적인 특성에 의해 태양의 복사에너지가 대기를 불균일하게 가열시킴으로 대기의 압력의 차이가 발생하여 나타나는 자연현상이다.

대류권에 생성된 바람은 엄청난 에너지를 가지고 있다. 태풍이나 토네이도의 강한 파괴력은 이런 에너지에서 비롯한 것이다. 수천 년 동안 곡식의 가공과 양수에 사용되어 왔던 풍력에너지로부터 전기에너지를 생산하기 위해 19세기 말부터 여러 가지 방법이 시도되었으나 1980년

그림 8-1. 풍차사진

대가 되서야 다양한 기술의 발전으로 블레이드 3개인 22 kW 크기의 풍력터빈으로 바람의 운동에너지를 이용하여 전력을 생산하는 풍력발전기가 등장하게 되었고, 1990년대 말에 덴마크에서 1~1.5 MW 용량의 풍력 터빈을 제작하였다.

풍력발전을 할 수 있는 경제성이 있는 바람의 세기는 4 m/s 이상이다. 그러나 연평균풍속이 크다고 해도 바람의 방향이 수시로 변해 4m/s 이상의 주 풍향빈도가 60% 이상이 되지 않는다면 풍력발전 시스템이 효율적이지 못하다.

풍력발전을 하는데 우리나라의 바람자원은 충분할까? 삼면이 바다로 둘러싸여 있고 국토의 65~70%가 산지인 우리나라는 풍력에너지 자원이 풍부한 편이나, 바람의 방향이 계절에 따라 바뀌어서 풍력발전이 효율적이지 못한 지역도 있다. 풍력자원의 활용을 최대화하기 위해 최근 5년간 전국의 바람자원을 조사하였다(그림 8-2). 국내 지역 중 4 m/s 이상 바람의 비율이 크며, 서풍계열의 주풍향 바람비율도 1년 내내 높은 미시령, 대관령, 덕유봉, 백운산 등이 풍력에너지를 생산하기 좋은 지역으로 나타났다(그림 8-3). 제주도, 동, 서 남해안 지역 또한 연평균 풍속이 강해 풍력발전에 적합함을 알 수 있다.

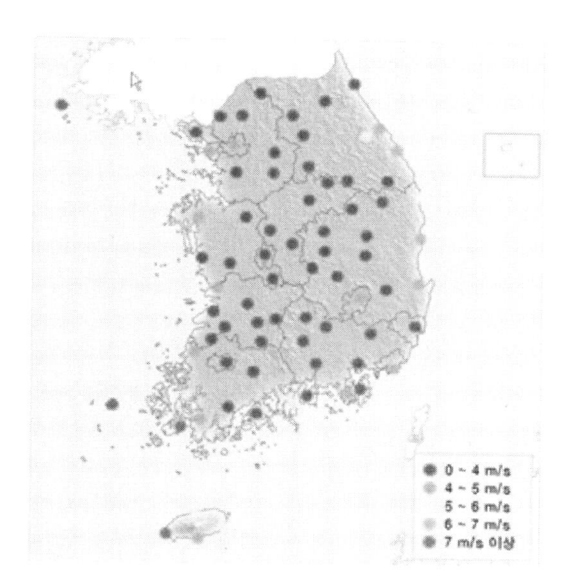

그림 8-2. 최근 5년간 우리나라 연평균 풍력자원 지도(80m 고도)(출처: 기상청)

그림 8-3. 대관령 풍력발전단지

풍력발전 시스템은 풍력발전기를 지탱해주는 타워(tower), 바람이 가진 에너지를 기계적 회전력으로 바꾸어 주는 블레이드(blade), 회전력을 증속기에 전달하는 주축과 증속기와 회전력을 전기로 바꾸는 발전기 등 주요 핵심부품이 들어 있는 너셀(nacelle)로 구성 되어 있다(그림 8-4).

풍력발전기에서 전기를 생산하는 과정을 살펴보면 바람이 제일 먼저 만나는 풍차날개(blade)는 바람에 의해 발생되는 양력과 항력으로부터 바람의 운동에너지를 기계적 회전력으로 변환시키고, 풍차날개의 회전력은 주축을 통해 증속기로 전달되어 회전력을 증폭시킨 다음 발전기에서 기계적 회전력을 전기에너지로 변환시켜 전기를 생산한다. 생산된

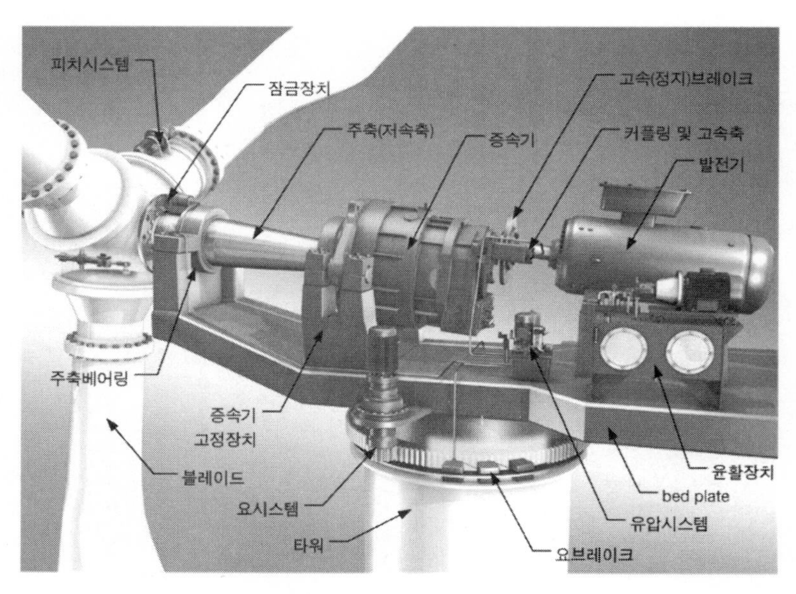

그림 8-4. 풍력터빈의 구조(출처: 신재생에너지백서,2020)

전기는 전력변환장치(inverter)를 통해 직류전기(DC)를 교류전기(AC)로 변환시킨다. 교류전류는 축전지에 저장하여 사용하거나 전력선 및 수용처로 전력을 공급하게 되는 것이다.

풍력발전기는 이론적으로 바람에너지의 최대 59.3%까지 전기에너지로 변환시킬 수 있지만, 날개의 형상, 기계적 마찰, 발전기의 효율 등에 따른 손실요인 때문에 발전기의 종류에 따라 실제 효율은 15~50% 수준에 이르고 있다.

풍력발전기의 종류

풍력발전기는 회전축 방향, 운전 방식 및 출력제어방식, 증속기의 유무 등에 따라 분류된다(표 8-1).

이 중에서 회전축 방향에 따라 풍력발전 시스템을 분류하면 수평축과

표 8-1. 풍력발전 시스템의 분류

구분	종류
회전축 방향	수평축(Horizontal axis type)풍력발전기: 프로펠라형
	수직축(Vertical axis type)풍력발전기: 다리우스형
운전방식	정속운전(Fixed roter speed type)풍력발전기
	가변속운전(Variable roter speed type)풍력발전기
출력제어방식	날개각제어형(Pitch controlled type)풍력발전기
	실속제어형(Stall controlled type)풍력발전기
전력사용방식	계통연계형 풍력발전기
	독립전원형 풍력발전기
증속기의 유무	증속기형(Geared type) 풍력발전기
	직결형(Gearless type) 풍력발전기

수직축 풍력발전기로 분류 한다(그림 8-5). 수평축 풍력발전기는 회전축이 지면에 대해 수평으로 설치되며, 1개에서 4개까지의 날개를 가지는 다양한 종류가 있지만 3개의 날개를 가진 프로펠러 형태가 주를 이룬 형태로 주변에서 쉽게 볼 수 있다. 수평축 풍력발전기는 구조가 간단해 설치가 용이하나 바람의 방향에 영향을 받는다. 그러나 출력이 안정적이고 효율이 높기 때문에 현재 전세계의 중대형급 풍력발전기에 주로 사용되고 있다.

풍차날개의 회전축 방향이 지면에 대해 수직이면 수직축 풍력발전기(vertical axis wind turbine)가 된다. 수직축 풍력발전기는 다양한 형태로 개발되어 사용되고 있는데 대표적인 것으로 원호형 날개 2~3개를 수직 회전축에 붙인 다리우스형과 반원통형의 날개를 마주보게 설치한 사보니우스형이 있다. 수직축 발전기는 바람의 방향과 관계가 없어 사막이나 평원에 주로 설치가 가능하지만, 소재가 비싸고 수평축 풍력발전기에 비해 효율이 떨어지는 단점이 있다.

풍력발전기는 우수한 전력품질을 얻을 수 있도록 출력제어방식을 사용

그림 8-5. 회전축의 분류에 의한 수평축발전기(왼)와 수직축풍력발전기(오)
(출처: 한국풍력산업협회)

하고 있다. 즉, 정격풍속에서 최대 출력이 발생할 수 있도록 설계되어 있고 정격풍속 이상의 바람이 불 때 풍력터빈을 보호하기 위해 발전량을 조절하는 출력제어를 사용한다. 출력제어방식에 따라 피치제어(Pitch control)와 실속제어(Stall control)로 분류된다. 날개를 제어하는 피치각 제어방식은 풍차날개의 피치각을 조절하여 출력을 효율적으로 제어하여 전력 생산량을 높일 수 있어서 대부분 중대형 풍력발전기에 선택하여 사용하고 있다.

우리나라는 1998년 제주 행원에 600 kW급 풍력 발전기 2대가 설치되면서 국내 최초로 상업운전을 시작한 이후로 영덕 풍력발전단지를 비롯해 풍력자원이 풍부한 지역에 풍력발전 설비용량은 계속 증가추세에 있다. 우리나라 풍력발전 설비 용량을 연도별로 살펴보면 1998년 1.2 MW가 설치되었고, 2003년 까지는 미미했으나 2004년부터 본격적으로 보급되기 시작해 2012년 신재생에너지 공급의무화제도(RPS) 시행으로 이전보다 설비용량이 증가했고, 2014년 이후에는 풍력발전 인허가 규제완화

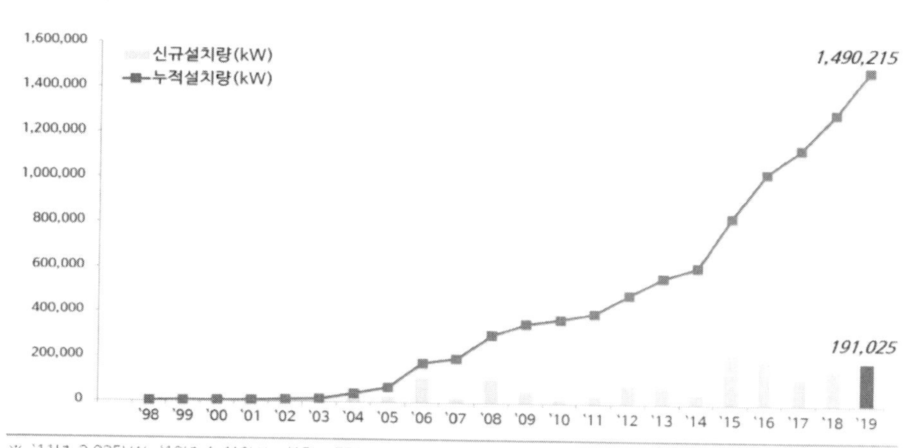

그림 8-6. 국내 지역별 풍력발전기 설치 현황(출처: 신재생에너지백서, 2020)

로 설치가 크게 증가했다. 2019년 기준으로 국내 풍력발전은 경북에 14개단지 409 MW의 풍력단지가 조성되어 있으며, 그 뒤를 이어 전남 329 MW, 강원도 326 MW, 제주도 296 MW가 설치되어 있는데 국내 풍력자원이 풍부한 이들 4개지역이 전체의 91.3%를 차지하고 있다(그림 8-6).

풍력발전의 경제성

풍력발전은 어느 곳에나 산재되어 있는 무한정의 바람을 동력원으로 사용하므로 기존의 화력발전과 원자력 발전에서 나오는 대기오염물질의 방출이나 방사능 누출 등 환경에 미치는 영향이 거의 없는 청정에너지이다. 무엇보다도 풍력에너지시스템은 구조나 설치 등이 간단하고, 운전과 유지가 쉽고, 자동화 운전이 가능하기 때문에 계속 증가하는 추세이다. 풍력발전은 태양광발전보다 설치면적이 많이 필요 하지 않아 국토를 효율적으로 이용할 수 있는 특징이 있다. 즉, 풍력발전기의 타워를 세운 곳의 토지를 방목장이나 과수원 등으로 활용할 수 도 있고 바다와 같은 풍부한 부지를 이용할 수 있다. 또한 환경 비용인 탄소세를 감안하면 지구온난화와 화석연료 고갈에 따른 에너지문제를 해결하기 위해 태양광 발전과 함께 재생에너지 중 가장 큰 잠재력을 가지고 있다.

풍력발전시스템의 균등화발전비용(Levelized Cost Of Energy)은 2010년 $0.086/kWh에서 2019년 $0.053/kWh로 39% 하락하였는데, 이는 화석연료 기반의 발전보다 LCOE가 낮은 것으로 나타났으며, 이는 재생에너지 가운데 큰 경쟁력을 지닐 수 있다. 또한 에너지 산업 분야에서 풍력산업은 가장 빠르게 성장하고 있으며, 풍력 발전기의 제조, 설치 및 운영에 이르기까지 기계, 토목, 기상학, 전기 산업뿐만 아니라 많은

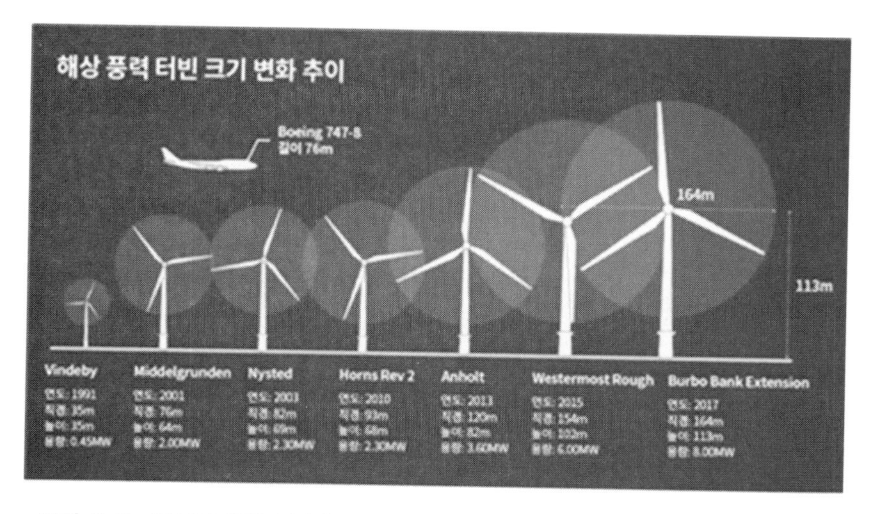

그림 8-7. 해상풍력발전 블레이드크기 변화추이(출처: 신재생에너지백서, 2018)

분야의 산업 발달에도 영향을 줄 것이다.

최근에는 풍력발전의 효율을 증가시키기 위해 주로 터빈의 크기와 블레이드크기(지름이 200~220 m)의 대형화 추세를 보이고 있다. 터빈의 거대한 블레이드가 회전하는데 필요한 넓은 수직 공간을 필요로 한다는 문제점을 지니고 있지만 발전 효율 향상과 가격 경쟁력 확보의 관점에서 볼 때 풍력발전 터빈은 더 커지고 있고, 현재 세계 풍력 발전 선진국들은 12~15 MW급 초대형 터빈을 개발 중에 있다(그림 8-7).

떠오르는 해상풍력

풍력 발전기를 내륙지역에 설치하면 육상풍력, 바다에 설치하면 해상풍력으로 분류한다. 육상풍력발전은 건설이 쉽고 경제성이 높다는 장점이 있어 지금까지 건설된 풍력발전단지의 대부분이 육상풍력발전에 속한

그림 8-8. 제주도에 최초로 설치된 해상풍력발전기(좌)
2017년 상업용 운전을 시작한 제주 탐라해상풍력발전단지(우)
(출처: 한국에너지공단 신재생에너지센터)

다. 그러나 육상풍력발전단지는 야생조류들이 풍력발전기 날개에 부딪쳐 죽거나, 철새의 이동을 방해하는 환경적인 문제를 일으키며, 풍력발전기 작동시 저주파 소음을 발생시킨다. 뿐만 아니라 풍력발전기의 대형화 추세로 육상풍력발전단지 개발할 때 풍력발전기를 설치할 공간과 진입로 여부가 중요한데 이 때 발생되는 자연을 훼손하는 문제, 또는 지역주민과의 갈등문제 때문에 지금은 점차적으로 해상풍력개발로 옮겨가는 추세이다(그림 8-8).

해상풍력발전에서 해상(Offshore)이라는 개념은 해양산업에서 통상적으로 사용하는 바다만을 의미하는 것이 아니라, 호수, 협강, 폐쇄된 해안 지역 등 내륙(Inshore)에 속하는 지역도 포함되며, 이곳에 설치된 풍력발전도 해상풍력발전에 포함된다. 해상풍력발전은 전통적인 바닥고정(Fixed bottom)형 발전기술과 함께 물이 깊은 곳에서는 부유식 풍력터빈(Floating wind turbine) 기술이 사용 되고 있다(그림 8-9).

해상풍력은 넓은 부지 확보가 가능하고 소음에 따른 민원이 적어 풍력단지의 대형화가 가능하며, 바람의 품질이나 풍속이 양호하여 풍력발전기의 안전성과 효율성 측면에서도 유리하다.

그림 8-9. 부유식 해상풍력발전(출처: 한국중부발전)

그러나 해상풍력단지를 건설할 경우 바다의 부식성 환경을 고려하고 거친 풍랑에도 견딜 수 있게 단단히 고정시키는 기술과 해상에서 생산된 전기를 손실이 적게 육상으로 이동하는 기술도 필요하다. 이로 인해 육상풍력에 비하여 경제성이 낮고, 설치와 운전 및 유지에 어려움이 많아 보이는 이를 보완하는 기술 개발을 필요로 한다.

해상풍력발전단지를 많이 보유한 나라는 유럽 국가들이다. 해상 풍력 누적설치 용량이 가장 큰 영국은 2019년 신규 설치한 풍력발전의 3/4을 해상풍력단지로 조성하였고, 그 다음으로 독일이 대단위 해상풍력단지를 가지고 있으며, 중국, 덴마크, 벨기에가 뒤를 따르고 있다. 과거에는 대부분이 육상풍력이었으나, 해상풍력이 아직 육상풍력에 비해 소규모이지만 최근 들어 해상풍력의 비중이 점점 증가하고 있다. 해상풍력 시장은 앞으로 30년간 크게 성장하여 전 세계 누적 설치용량이 2030년 228 GW, 2050년 1,000 GW에 달할 것으로 전망되고 있다.

그림 8-10. 해상풍력단지(출처: (CC)Tomasz Sienickiat Wikipedia.org)

삼면이 바다로 둘러싸인 우리나라도 해상풍력발전의 적합한 지형을 갖추고 있고, 뛰어난 조선업, 터빈 개발 기술을 앞세워 해상풍력 강국을 바짝 쫓아가고 있다. 국내에서는 제주도 바다에 풍력발전기 2기 설치하여 시범 운행을 시작한 이후로 2019년 말 72 MW(5개소, 28기)가 설치되어 있다. 향후 성장성이 클 것으로 전망되는 해상풍력 시장을 대비하기 위해 초대형 해상풍력 기술개발 및 실증을 추진하고 있다.

해상풍력의 지속가능성

수산업은 과거 수산물 수출로 경제발전에 기여함으로서, 식량산업의 한축을 담당해 국가와 국민에 큰 기여를 하고 있다. 최근엔 산업화와 공업화에 따른 해상물동량 증가와 매립 간척 등 개발 행위로 바다가 황폐해졌고, 이로 인해 어장이 훼손되면서 수산업과 어업인은 희생을 감당해야 하는 상황이다. 그런데 최근 동시 다발적으로 들어서는 해상풍력발전 시설은 어장을 위협하고 어업인의 생존을 위태롭게 만들고 있으며, 해양환경에 미치는 영향에 대한 검증이 미흡한 문제점을 지니고 있다. 아직 해상풍력단지가 환경에 미치는 영향을 정확히 알 수 없는 형편이지만 해상풍력이 무한하고 안전한 청정에너지로 자리매김 하려면 이 문제를 해결해야만 한다.

09

수력에너지

물이 가지고 있는 에너지

도시의 발달은 대부분 물을 이용하기 편하도록 항상 강을 끼고 이루어졌고 사람들은 오래전부터 물을 활용했다. 기원전부터 사람들은 물레방앗간에서 곡식을 분쇄하거나 나무를 자를 때 물의 힘을 이용하였다. 그러나 산업혁명이 일어나면서 19세기 말 물은 전기를 생산하는 수단으로 활용되기 시작했다. 초기에는 개울의 흐르는 힘을 이용해 작은 수력터빈을 돌려 전기를 얻었으나 20세기 중반 이후에는 댐을 이용한 댐방식의 대형화된 형태로 전력을 생산하였다.

수력발전(generation of hydroelectric power)은 지형적 조건을 갖춘 곳이라면 물의 유동에너지를 이용하여 전기를 생산할 수 있는 에너지이며, 세계적으로 개발역사가 오래된 발전방식으로 가동실적도 많고 축적된 기술력이 높은 재생에너지이다. 최근에는 심각한 기후위기에 대처하고자 신재생에너지의 보급이 적극적으로 장려되면서 세계적으로 수력발전이 증가되고 있다. 2019년 기준으로 세계 전력 수요의 27.3%를 재생에너지가 차지하는데, 이 재생에너지 중 특히 수력발전은 세계에서 연간 전기 생산량의 약 16%를 차지할 만큼 전력 생산에 대한 기여도가 다른 재생에너지들 보다 큰 발전원이다(표 9-1).

표 9-1. 세계 전력생산에서 수력발전의 비중(2019)(출처: 신재생에너지백서 2020, REN21, Renewables Global Status Report, 2020)

	비중(%)		비중(%)
재생불가능에너지 발전량	72.7	원자력발전	10
재생에너지 발전량	27.3	수력발전	15.9
		풍력발전	5.9
		태양광발전	2.8
		바이오에너지발전	2.2
		지열, 태양열과 기타발전	0.4

국내에서도 1960년대 후반부터 청평댐 수력발전의 상업 운전을 시작으로 수도권의 전력을 공급하기 시작했고, 1970년대 1차 석유파동 이후 에너지개발의 필요성을 절감함에 따라 정부는 수력발전 기술개발을 수행하게 되었다. 국내 수력발전은 20세기 후반 이후에 댐방식의 대수력발전으로 전력을 공급하면서 증가하게 되면서 소양강, 충주, 화천, 춘천, 의암, 청평, 팔당, 섬진강, 강릉 등 총 16개소에 1600 MW의 설비용량을 갖게 되었다. 그러나 댐건설에 따른 문제가 지적되면서 대수력발전은 앞으로도 큰 변화 없이 유지될 것으로 예상된다. 반면에 물의 흐름만을 이용하면서 지역과 조화를 이룬 환경친화적 발전방식인 소수력발전이 떠오르면서 최근까지 169개소에 200 MW의 설비용량을 갖추고 전력을 공급하고 있다. 또한 대수력과 소수력을 포함하는 일반수력발전과 함께 운영되고 있는 양수발전은 설비용량 4700 MW로 국내 수력의 전체설비

그림 9-1. 안동 소수력 발전소(1500 kW)(출처: 한국 신재생에너지협회)

용량 6058 MW 중 77.6%를 차지하고 있다. 수력은 타 에너지원에 비해 지속적으로 발전공급이 가능한 반영구적인 순국산 에너지자원으로 에너지안보 측면에서 우수해 그 가치가 매우 큰 에너지원이다.

수력발전 시스템

수력발전은 하천이나 수로 등에서 물이 갖는 위치에너지를 이용하여 물이 관로를 통해 흐를(운동에너지) 때 수차를 돌려 기계적 회전에너지로 변환되고, 이것이 발전기를 돌려 전기를 생산하는 발전방식이다.

수력발전 시스템은 그림 9-2와 같이 구성되어 있다. 주요설비는 하천이나 수로에 댐이나 보를 설치하고 발전소까지 물이 지나가는 관이나 수로를 의미하는 수압관로(penstock), 물이 흐르면서 떨어지는 낙차로 전기를 생산하는 수차발전기, 생산된 전기를 공급하기 위한 송·변전설비, 출력제어 등 발전소 운영을 위한 감시제어설비 등으로 구성되어 있다.

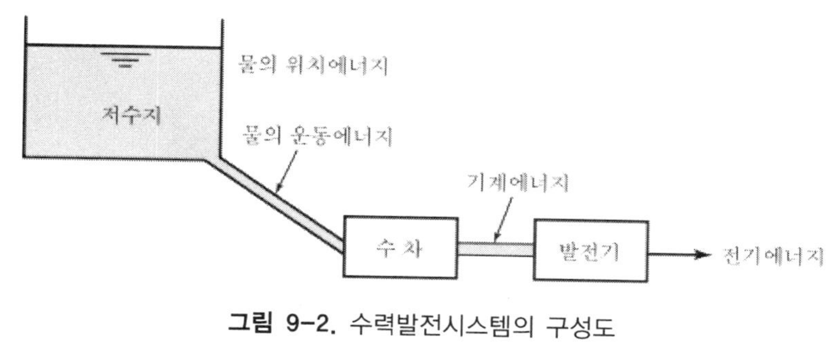

그림 9-2. 수력발전시스템의 구성도

수력발전의 발전 설비용량은 실제 낙하 높이(H, 물이 떨어지는 높이)와 유량(Q, 초당 지나가는 물의 양, m^3/sec)으로 결정된다. 이론적으로 발전되는 양(P)은 실제 낙하 높이(H)와 유량(Q)의 곱에 9.8배 정도의 값으로 결정되며, η(eta)는 종합효율로 수차와 발전기의 효율성이다. 따라서 수차를 회전시키는 물의 유량이 많을수록, 낙차가 클수록 발전 설비용량이 커지고 전력량도 많아진다.

$$P(kW) = 9.8\eta QH$$

수력발전의 분류

수력발전의 분류는 1987년 이전까지 발전 설비용량 3000 kW를 기준으로 일반수력(hydropower)과 소수력(small hydropower)으로 구분하였으나, 2003년 대체에너지 개발 및 이용·보급 촉진법의 개정에 따라 설비용량 1만kW(10 MW) 이하를 소수력으로 변경하였다. 이후 2005년 신재생에너지 개발·이용·보급 촉진법이 또 한 번 개정되면서 수력 설비용량 기준을 삭제해 양수발전을 제외한 모든 수력발전을 일원화하여 수력 설비로 정의하고 있다.

수력발전 방식은 지형 조건에 따라 물을 이용하는 방식이 다르므로 다음과 같이 분류할 수 있다. 댐을 건설하여 그 낙차를 이용하는 댐식, 강의 상류를 막아 취수구를 만들고 물을 수로로 흘려보내어 낙차를 이용하여 발전하는 수로식, 댐식과 수로식의 장점을 이용하여 낙차를 높이는 댐수로식(또는 터널식)으로 나눌 수 있으며, 강의 흐름을 바꿔 낙차의 크기를 늘리는 유역변경식과 이 외에 양수발전 등이 있다.

또한 발전 설비용량에 따라 대수력, 중수력, 소수력, 미니수력, 마이크로수력으로도 수력발전을 분류할 수 있다. 발전 설비용량 100 MW 이상인 것은 대수력발전, 10~100 MW인 것은 중수력발전, 1~10 MW(1,000~10,000 kW)인 것은 소수력발전(Small hydropower), 100~1,000 kW인 것은 미니수력발전(Mini hydropower), 100 kW 미만인 것은 마이크로수력발전(Micro hydropower)으로 구분한다.

- 댐식 발전–소양강댐

  하천의 중하류 지역은 상류에 비해 수량은 많으나 경사가 완만하여 낙차가 크지 않다. 따라서 입지 조건에 따라 가능한 한 커다란 댐을 설치하고 물을 가로막아 댐의 위아래 수위 차를 이용하여 발전하는 방식이다. 댐이 설치되면 저수 능력이 증대되어 농업의 관개용수 및 홍수조절에 활용할 수 있으나 육지 침수로 숲, 농경지, 거주지역이 감소되고 초기 건설비용이 많다는 단점이 있다.

- 수로식 발전–화천댐

  하천의 상류나 소지류와 같이 자연적으로 경사가 심한 지역에 인공수로를 설치하여 물을 유도하고 짧은 거리이지만 큰 낙차를 이용하여 발전하는 방식이다. 수로방식은 물을 저수하지 않고 자연 그대로 소규모 하천의 물을 이용하는 발전방식으로 건설비용의 부담이 적으나 계절에 따라 발전량이 유동적인 단점을 가지고 있다.

- 댐수로식(터널식) 발전

댐과 수로식의 기능을 혼합, 절충한 것으로 하천의 중상류 지역에 댐과 수로를 건설함으로서 하나만 있을 때보다 풍부한 수량과 더 큰 낙차를 얻을 수 있는 발전방식이다.

- 양수발전-삼랑진댐

하천과 무관하게 높은 지역과 낮은 지역에 각각 별개의 소규모 저수지를 건설하고, 심야나 주말 등 전력 수요가 적은 시간대에 하부 저수지의 물을 상부저수지로 끌어올렸다가 전력 수요가 많은 낮 시간대에 낙차를 이용하여 발전하는 방식이다(그림 9-3). 이와 같은 방식은 심야에 남아도는 값싼 전기를 저장의 용도로 이용했다가 낮에 전력을 공급해 줌으로서 기존 발전소의 이용률 및 열효율을 향상시켜 발전원가를 절감할 수 있는 장점을 가지고 있다. 우리나라에는 무주, 예천, 삼랑진, 청평, 양양, 산청, 청송 총 7곳에 양수방식의 수력발전소가 있으며, 2018년 기준 4700 MW의 설비용량에 총 16기가 운영되고 있다. 향후 3곳에 2 GW 신규 양수발전소를 추가로

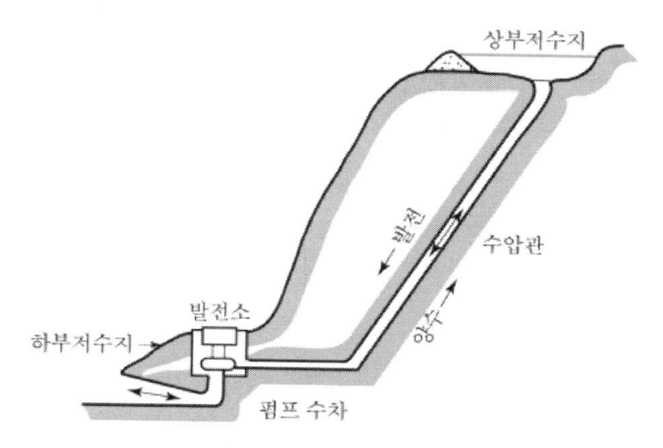

그림 9-3. 양수발전의 원리

건설할 예정이다.

양수발전은 출력조절이 어려운 태양광, 풍력 등의 재생에너지가 증가함에 따라 전력계통의 불안정성에 안정적으로 대응하는데 기여하고 있다.

- 유역변경식 발전-강릉댐

  낙차를 크게 하기 위하여 하천의 상류에 설치된 댐으로부터 인접한 곳의 낙차가 큰 하천으로 터널을 뚫어 유역을 변경시켜 발전하는 방식으로 수력자원의 가치가 상승한다. 우리나라에는 칠보수력발전과 강릉수력발전 등이 유역변경식 발전소이다(그림 9-4).

그림 9-4. 섬진강 칠보 수력발전-유역변경식

수력발전의 특징

수력발전은 태양에너지를 간접적으로 활용한 재생에너지로 세계적으로 심각한 기후위기와 에너지 전환이 가속화됨에 따라 신재생에너지의 보급이 확대되면서 수력발전의 설비용량도 증가되고 있다.

수력은 지형적 조건을 갖춘 곳이라면 물이 가지고 있는 에너지를 이용하여 전기를 만들면서 자연적인 조건과 조화를 이루며, 타 에너지원에 비해 지속적으로 발전공급이 가능한 반영구적인 순국산 에너지자원으로 에너지 안보 측면에서 우수하다. 또한 2011년 기후변화에 대한 IPCC 보고서에 따르면 수력발전은 다른 신재생에너지원과 비교할 때 이산화탄소 배출량이 가장 적은 청정에너지로 분류된다(표 9-2).

표 9-2. 전력원별 수명주기에 대한 온실가스 배출량(출처: 신재생에너지백서, 2020)

발전원별	수력	풍력	원자력	바이오매스	지열	태양광	천연가스	석탄
50th 온실가스 배출량 (CO_2/kWh)	4	12	16	18	45	46	469	1001

수력발전은 다른 신재생에너지와 달리 이미 기술적인 면뿐 아니라 가격 경쟁력까지 어느 정도 확보되어 있다. 즉, 초기 건설비용이 높은 단점이 있지만 에너지 밀도가 높고, 유지비가 적게 들어 경제성이 있다. 특히 다른 신재생에너지에 비해 오래전부터 이용되면서 축적된 기술력이 높아 신재생에너지 중에서도 에너지 변환효율이 가장 높다. 이뿐만 아니라 인플레이션이나 연료비 가격변동에 영향을 거의 받지 않기 때문에 타 에너지원과 비교할 때 발전생산원가도 싸고 장기적으로 안정되어 있다. 또한 수력은 5분 이내의 짧은 시간에 전기를 생산할 수 있기 때문에 전력 수요변화에 신속히 대응할 수 있어 전력공급에 중요한 역할을 하고 있다. 이 외에도 홍수조절과 공업용수 공급에 기여하기도 한다.

환경친화적인 소수력발전으로

수력에너지는 타 에너지원에 비해 에너지 밀도가 높아 개발가치가 큰 부존자원으로 평가되어 선진국을 중심으로 기술개발과 지원사업이 활발하게 진행되었다. 1990년 초에 해외 선진국들은 수차의 표준화와 효율향상 및 대량생산에 의한 수차 건설비용의 절감으로 경제성을 향상시켰고, 자원개발, 수력시스템 운용자동화 등의 지속적인 기술개발로 수력발전 보급확대에 기여하고 있다. 재생에너지의 발전 설비용량 중에서 풍력 다음으로 수력에너지가 큰 비중을 차지하고 있는 미국의 경우 1980년대부터 수차 표준화를 마치고 개발도상국에 기술지원을 하고 있으며, 소수력발전이 가능한 잠재지역 조사와 기술개발로 소수력발전 시장도 정착되어 있는 상황이다.

현재 중국, 브라질, 미국, 캐나다, 인도, 일본 등 해외 여러 나라들은 수력에너지를 활발하게 이용하고 있다. 전 세계적으로 가장 활발하게 수력발전 사업을 하고 있는 나라는 중국으로 급격한 경제발전에 대응하면서 안정적으로 전력을 공급하기 위한 정책 중 하나로 수력발전소를 가장 많이 운영하고 있고, 세계 최대의 수력발전소(삼협댐, 22.4 GW)도 보유하고 있다. 소수력을 구분하는 설비용량 기준이 국가별로 다르지만 중국은 소수력분야에서도 2020년 기준 341 GW 규모의 가장 큰 설비용량을 가진 나라다.

세계 두 번째로 총 설비용량이 큰 나라인 브라질은 지리적으로 수자원이 풍부하고, 2019년 신규 수력 설비용량이 4.92GW로 가장 많이 증가했으며, 수력발전은 브라질의 총 전력 생산 중 큰 비중을 차지하고 있다.

국제재생에너지기구(IRENA, International Renewable Energy Agency)는 지구온난화로 야기되는 지구온도상승을 2도 이하로 제한하기 위해서는 전 세계 수력발전용량을 2030년까지 25%, 2050년까지 60%로 증가시킬 필요가 있다고 시사한 바 있다. 이를 위해 청정에너지인 수력발전을 개발하는 국가들은 늘어나고 있다. 대륙별로 비교했을 때 2019년 기준으로 인도네시아와 베트남이 포함된 동아시아, 칠레와 아르헨티나가 포함된 남아메리카, 중앙아시아, 아프리카 등 지역에 신규 수력발전소 설치 용량이 크게 증가되는 경향을 보이고 있으며, 향후 신흥국의 신규 수력발전소의 건설은 계속 늘어날 것으로 예상되고 있다.

연평균 강수량이 1245 mm로 비교적 강수량이 풍부한 국내에서도 20세기 후반 산과 계곡이 많은 지역적 특성을 이용하여 커다란 댐에 물을 모아 놓고 전기를 생산하는 대수력 발전방식이 주를 이루었다. 그러나 댐 건설비용이 높고, 강물의 흐름도 느리게 만들고, 이 때문에 댐 바닥에 토사가 쌓이게 되어 발전 용량을 감소시키는 문제점뿐 아니라 대수력에 적합한 지역이 더 이상 많지 않고, 댐 설치에 따른 수몰지역 발생으로 생태계를 파괴하거나 댐 개발지역 주민과의 갈등, 댐 주변의 관광지화로 인한 환경오염과 같은 다양한 문제를 일으킬 수 있다는 비판을 받음에 따라 댐방식의 대수력발전은 더 이상의 증설이 어려울 것으로 보고 있다. 다만 70~80년도에 건설된 노후 대수력발전소의 현대화사업이 진행되면서 해외 의존도를 탈피하려면 10 MW급과 50 MW급에 대한 기술개발 및 실증연구와 신흥국의 신규 수력발전소의 건설은 계속 늘어날 것으로 예상되므로 관련 기술 수출로 해외시장 진출에 관심을 기우릴 필요가 있다.

따라서 국내에서는 2000년대 이후 강우량에 따라 영향을 받는 문제점도 피할 수 있고 기후변화에 따른 신재생에너지 개발에 적극 장려됨에 따라 기존 시설에 소규모 발전설비를 설치해 전기를 생산하는 소수력 기술개발이 활발하게 추진되고 있다. 소수력발전은 물의 흐름만 이용하면서 지역과 조화를 이룬 규모가 작은 발전으로 환경친화적인 발전방식이다. 소규모의 잠재적 수력자원을 이용하는 방식으로 일반하천, 농업용 저수지, 하수처리장의 방류수, 정수장, 농업용 보, 공장이나 발전소의 냉각수, 빌딩의 공조 설비, 양어장의 순환수 등 각 지역에 물이 흐르는 곳의 미활용 수자원이 적극적으로 활용될 수 있다(그림 9-5).

대표적 사례로 암사정수센터에 설치한 소수력발전소는 암사정수센터로부터 노량진배수지까지의 낙차와 유량을 활용해 전기를 만들고, 발전소에서 생산된 전력(연간 2286 MWh)은 한전에 판매하고 있다. 또 다른 사례로 전남 광양시는 정수장과 수어댐간 낙차를 이용한 소수력발전소에서 연간 61만 kWh의 전력을 생산하고 있으며, 이보다 먼저 광양제철소는 수어댐에서 제철소로 유입되는 원수 배관의 자연낙차를 이용하고 있다. 제철소의 소수력발전설비는 시설용량 300 kW의 소수력발전기 2기로 연간 약 5000 MWh의 전력을 생산하고 있다. 광양제철소는 소수력발전으로부터 이산화탄소를 절감하게 되면서 업계 최초로 유엔기후변화협약으로부터 청정개발체제(Clean Development Mechanism, CDM) 사업 승인을 받아 10년간 탄소배출권을 확보하기도 하였다.

그림 9-5. 양어장의 물을 이용한 소수력발전

이렇게 기존 시설을 활용해 수력에너지를 회수하는 환경친화적인 소수력발전은 심각한 기후위기와 자원위기에 대처하기 위해 활발하게 추진되고 있다. 2012년 초 신재생에너지 공급의무화제도(RPS)의 시행으로 설비용량 5000 kWh 이하 수력에 신재생에너지 공급인증서가 발급되어 판매가 가능하고, 정부의 전력 매입단가가 현실적으로 조정됨에 따라 소수력발전의 보급 확대를 위한 지원이 이루어지고 있고, 자원조사, 수차개발, 운용기술 등과 관련된 기술개발에 대한 지속적인 정부의 지원에 따라 국내 수력발전은 주로 저낙차 소용량의 소수력발전이 활발하게 추진되고 있다. 그 결과 2009년 중・저낙차용 프란시스수차의 개발이 완료되어 소수력 기술의 국산화와 성능향상을 이루었고, 정부의 신재생에너지 개발 촉진 및 지원정책 등으로 소수력발전에 대한 개발 여건이 좋아져 민간과 지자체 등에서도 소수력 개발에 활발하게 참여하고 있다.

재생에너지 발전설비에 대한 투자가 태양광과 풍력 외에도 소수력분야에 이루어지고 있으므로 앞으로도 소수력발전의 경제성 향상과 함께 수자원을 적극적으로 개발하여 부족한 에너지자원의 수입대체효과를 높이고, 관련 산업의 육성과 경제적 파급효과 및 관련 기술의 수출 산업화 등의 효과를 거둘 수 있도록 다각적인 노력을 기울여야 할 것이다.

10

바이오에너지

생물체에 들어있는 태양에너지

식물은 광합성을 통하여 태양에너지를 식물체 내에 저장하므로 식물과 함께 다양한 생물체에 들어있는 이 에너지를 사람들이 쓸 수 있는 유용한 형태로 변환시켜 사용한다면 화석연료의 사용도 줄이고 세계적인 걱정거리인 지구온난화도 억제될 것으로 본다. 즉, 이산화탄소의 순환과정 동안 만들어지는 바이오매스가 에너지로 사용될 때 대기에 온실가스 배출 효과가 크지 않아 온실가스 감축에 상당 부분 기여할 수 있어 바이오에너지는 국제 사회에서 지구온난화 대처에 직접적으로 도움이 되는 최상위 신재생에너지로 인정받고 있다. 국제에너지기구(International Energy Agency, IEA)에 따르면 바이오에너지가 2035년까지 전 세계 재생에너지 전체 공급량의 52%를 차지해 재생에너지 중 핵심적 역할을 할 것으로 전망하기도 했다.

또한 태양광, 풍력, 지열 등 다른 신재생에너지원과는 달리 바이오매스는 기존 화석연료에서 생산 가능한 에너지 형태인 열과 전기뿐 아니라 수송용 연료도 생산할 수 있다. 현재 바이오매스는 난방을 위해 개도국에서 사용한 재래식 바이오매스와 산업용 열에너지의 비중이 높지만 앞으로는 전기와 수송용 연료를 생산하는 방향으로 세계적 추세가 변화될 것으로 전망되고 있다. 최근 바이오에너지 제품 중 수송용 연료인 바이오에탄올과 바이오디젤이 시장을 크게 점유하고 있다(표 10-1). 이것은 각국 정부가 바이오연료 혼합의무제도(Renewable Fuel Standards, RFS)를 시행해 수송용 연료의 보급을 확대하려는 움직임에 따라 바이오에너지 시장은 수송용 연료 중심으로 크게 성장할 것으로 예상되고 있다.

표 10-1. 바이오에너지 제품별 세계 시장현황 및 전망 (단위: 백만 달러)
(출처 : 신재생에너지백서, 2018)

항목	2014년	2015년	2016년	2017년	2018년	연평균 성장률(%)
고형바이오연료	3,880	4,650	5,100	5,900	6,190	12.7
바이오에탄올	80,300	84,500	88,400	97,200	103,000	6.5
바이오디젤	40,600	43,850	47,350	51,140	55,230	8.1
바이오가스	13,200	15,900	18,600	21,000	22,260	14.4
기타	19,304	18,760	17,620	16,950	16,380	-2.9

바이오매스의 분류

태양에너지를 받은 식물, 미생물의 광합성에 의해 생성되는 식물체, 균체와 이를 먹고 살아가는 동물체를 포함한 살아있는 유기체를 바이오매스(Biomass)라 하며, 생물량 또는 생물체량이라고도 한다. 대표적인 바이오매스로는 나무, 초본식물, 수생식물, 해조류, 광합성세균 등이 있다.

그림 10-1. 목질계 바이오매스인 억새

바이오에너지를 생산할 수 있는 바이오매스는 종류에 따라 다음과 같이 분류할 수 있다. 전분질계 바이오매스(옥수수, 감자류 등), 당질계 바이오매스(사탕수수, 사탕무 등), 유지작물계 바이오매스(유채씨, 대두, 해바라기씨 등), 목질계 바이오매스(유칼립투스 나무, 포플러, 억새, 볏집, 왕겨와 같은 농업 부산물 등) 등이 있다(그림 10-1). 이 외에도 바이오매스의 직접적인 사용으로 생기는 다양한 폐기물 즉, 일상생활이나 산업 활동으로 발생 되는 폐기물들도 잠재적 연료가 된다. 따라서 가축의 분뇨나 사체와 같은 축산 폐기물, 음식물 쓰레기 등의 유기성 폐기물을 바이오매스로 포함시키고 있다.

바이오매스로 만드는 에너지

바이오매스로부터 얻을 수 있는 에너지의 형태 및 용도는 직접 사용할 수 있는 연료, 전력, 난방열, 수송용 연료, 천연화학물질 등 매우 다양하다. 바이오매스인 유기계 물질은 성장에 필요한 조건만 맞으면 어느

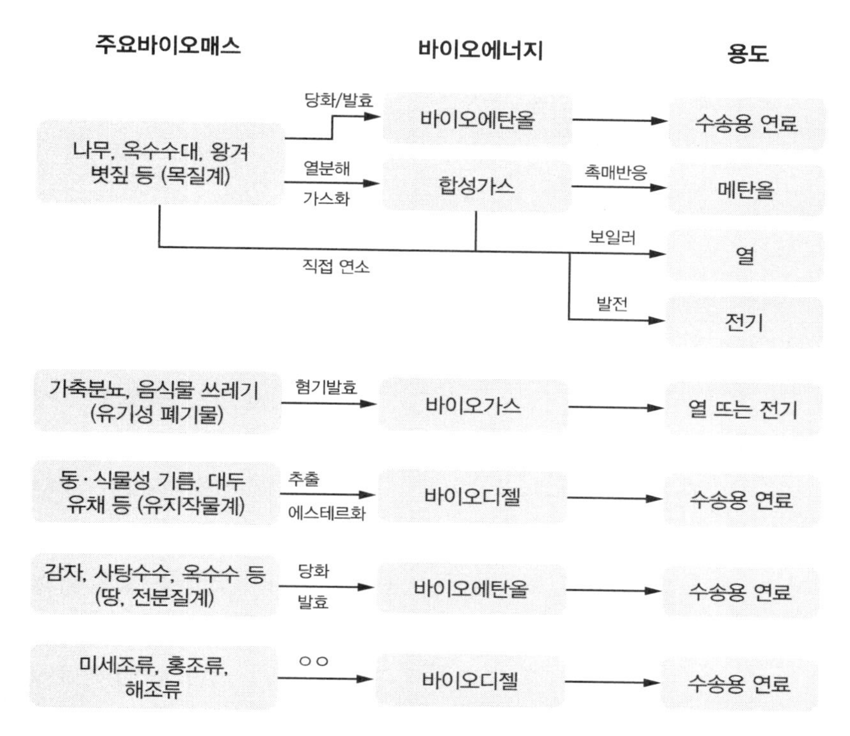

그림 10-2. 주요 바이오에너지의 종류 및 용도(출처: 신재생에너지 데이터센터)

곳에서든 지속적으로 생산되는 자원으로 식물이 자라나는 속도보다 빨리 베어내지만 않는다면 고갈될 염려가 없는 에너지원이라 할 수 있다. 다양한 바이오매스로부터 생산 가능한 바이오에너지의 종류와 용도는 다음과 같다(그림 10-2).

나무, 옥수수대에서 얻는 열, 전기, 메탄올, 수송용 연료

과거 100여 년 전만 해도 볏집, 콩대, 옥수수대, 고추줄기, 과수의 가지와 같이 추수 후 얻어지는 농산물 찌꺼기, 쓰고 남은 나무 부스러기나 톱밥, 왕겨 같은 바이오매스를 가정과 식당 등에서 직접 태워 에너지원으로 사용하였다. 이 외에도 등잔불의 연료로 참기름, 들기름, 돼지기름 등을 직접 태우거나 숯(목탄)을 만들어 사용했다. 지금도 개도국에서는 바이오매스를 직접 연소시켜 열에너지를 이용하는 재래식 바이오매스를 난방과 열 공급에 사용하고 있다.

그러나 이들 나무나 풀은 채집에 노력과 비용이 많이 들고 취급이 불편하며, 에너지 밀도가 낮아 바이오매스를 에너지 밀도와 효율이 높은 신탄, 또는 왕겨탄 등으로 고형화시켜 사용하기 시작했고, 점차 보일러 기술이 발달하게 되면서 목질계 바이오매스를 펠릿, 우드칩 또는 성형탄 같은 고형연료(Solid Refuse Fuel, SRF)로 가공시켜 석탄 대신 보일러 연료로 사용해 열과 전기를 공급하고 있다. 국내에서는 2012년 신재생에너지공급의무화제도(RPS, Renewable Portfolio Standard)가 시행되면서 높은 기술력 없이도 도입할 수 있는 바이오 고형연료를 적극 지원해 바이오 고형연료는 국내 바이오에너지 시장에서 가장 큰 비중을 차지하게 되었다. 그러나 최근 목재펠릿 고형연료를 이용한 친환경 화력발전에서 오염물질이 더 많이 배출된다는 환경문제가 대두되면서 보급 확대에 제동이 걸린 상태이다. 또한 야자열매 껍질과 같은 고형연료에 쓰이는 원료는 90% 수입에 의존하고 있고, 다른 재생에너지의 발전비용이 감소되면서 목재펠릿을 이용한 바이오발전은 경쟁력이 약화되는 문제가 발생되고 있다. 그러나 바이오에너지 시장에서 고형연료의 성장세는 앞으로도 유지될 것으로 전망된다.

더 나아가 목질계 바이오매스를 부가가치가 높은 유용한 에너지로 활용하려는 시도도 이루어지고 있다. 첫 번째는 석탄의 공급원이었던 식물과 같은 목질계 바이오매스를 석탄가스화공정을 적용한 열분해로 합성가스(CO, H_2 등)를 생산한 다음 정제시켜 지역난방과 전기 생산을 위한 연료로 쓰거나, 분리 공정 또는 화학적 공정을 거쳐 고부가 청정연료인 수소, 액상 합성연료 등으로 사용하는 것이다. 열분해 공정으로 생성된 합성가스는 아직까지도 경제성이 낮아 실용화가 확보되지 못한 상태이지만 미래를 위한 기술로 고려되고 있다.

두 번째로는 목질계 바이오매스를 전처리시켜 당으로 전환이 가능한 부분을 선택적으로 분리한 후 효소를 사용하여 당으로 분해시키고 계속해서 발효시켜 바이오에탄올을 얻어 수송용 연료로 사용하는 것이다. 최근 전분작물로부터 얻은 바이오에탄올이 식량자원의 가격상승을 유발시키는 부작용으로 인해 전분 농작물 대신에 목질계 바이오매스를 이용하는 연구가 부각되었다. 국외의 경우 목질계 바이오매스를 사용한 바이오에탄올 생산 공장이 지속적으로 증가하고 있고, 바이오에탄올 최대 생산국인 미국은 활발한 기술개발과 함께 세계 최대 규모의 생산 공장을 2016년 가동하기 시작했다. 우리나라도 목질계 원료를 이용한 에너지 생산 기술개발에 박차를 가하고 있으나 아직 상용화 이전단계에 있다.

음식물 쓰레기, 가축분뇨에서 얻는 바이오가스

음식물 쓰레기와 동물의 사체, 하수 슬러지, 가축의 분뇨와 같이 소각될 수 없는 유기성 폐기물을 산소가 없는 환경에서 박테리아에 의해 분해(혐기성 발효)시키면 바이오가스가 얻어진다. 바이오가스는 메테인(CH_4)과 이산화탄소(CO_2)가 약 6:4 비율로 이루어져 있다. 축사가 있는 농가에서는 바이오가스를 직접 연료로 사용하기도 하지만 바이오가스를 정제하면 LNG와 같은 성분을 갖게 되므로 도시가스 배관망에 직접 연결해 사용하거나 전기, 열 및 수송용 연료 등 다양한 에너지 형태로 공급이 가능하다.

바이오가스 생산에 대한 높은 기술력을 보유하고 있는 EU는 열병합발전과 건물, 산업에 열을 공급하면서 바이오가스의 사용이 늘어나고 있다. 또한 고순도로 정제된 바이오가스를 도시가스 대체 연료나 CNG 버스, 바이오가스 열차 연료로 활용할 수 있도록 바이오가스 고질화 플랜트도

그림 10-3. 순천 축분 바이오가스 시설(출처: 한국에너지공단 신재생에너지센터)

운영하고 있다. 최근에는 나무, 건초와 같은 목질계 바이오매스를 열분해시켜 바이오가스를 얻을 수 있는 기술개발과 상용화를 위한 연구도 진행하고 있다. 국내에서는 쓰레기 매립지나 하수처리장으로부터 생산, 정제된 바이오가스를 도시가스 배관에 연결시켜 공급하거나 CNG버스의 연료로 사용하고 있다. 2030년까지 바이오가스 생산시설이 지속적으로 증가될 것으로 예상되나 대부분 소규모의 시설이 주를 이루기 때문에 대형화와 통합형 소화 플랜트로 확대되어야 할 것이다(그림 10-3).

유기성 폐기물의 혐기성 소화는 쓰레기도 처리하면서 청정연료를 얻는다는 점에서 매우 가치가 있다. 즉, 쓰레기를 파묻거나 태우지 않고 생화학적으로 분해시켜 바이오가스를 생산하거나 비료, 퇴비와 같은 다른 산물로 만들어 재활용할 수 있기 때문에 쓰레기도 처리하고 매립장의 면적도 줄일 수 있는 장점을 가지고 있다. 따라서 바이오가스의 생산기술은 폐기물 처리부지 확보가 어려운 우리나라의 경우 특별히 유용하다. 또한 유기성 폐기물 바이오매스의 활용은 토양과 하천의 오염을 줄일 뿐 아니라 지구온난화를 유발시키는 이산화탄소가 생성되는 것이 아니라 순환되기 때문에 매우 친환경적인 재생에너지로 주목받고 있다.

그러나 우리나라 음식물 쓰레기는 수분과 염분이 많아 처리에 어려움이 많고, 바이오매스의 연료화에 사용되는 미생물의 반응이 정형화 되어있지 않아 예상외의 결과가 나타날 수 있어 표준화된 모델개발의 연구가 필요하다. 실례로 2008년 충남 아산에 축산분뇨, 음식물폐수(찌꺼기), 하수슬러지를 모두 처리할 수 있는 통합형 바이오가스 플랜트가 설치되었으나 기술력 부족과 운영상의 문제로 2012년 운영을 중단한 만큼 아직 국내 실정에 맞는 기술개발이 필요한 상황이다.

기름에서 얻는 바이오디젤과 바이오중유

유채씨, 메주콩, 동물성 지방으로부터 유기질 기름을 직접 추출하여 저렴한 메탄올과 반응시키면 글리세린과 함께 메틸에스터인 바이오디젤이 만들어진다.

바이오디젤의 생산과정

유지 + 알코올(메탄올) $\xrightarrow{\text{촉매}}$ 3 알킬에스터(메틸에스터) + 글리세린
(바이오디젤)

정제과정을 거친 바이오디젤을 정유사에 보내면 경유에 바이오디젤을 5%와 20%로 각각 혼합시켜(BD5, BD20) 차량용 연료로 사용한다(그림 10-4). 바이오디젤 시장은 생산과 소비가 가장 많은 유럽을 중심으로 형성되어 있고, 미국이 그 뒤를 따르고 있다. 유럽은 바이오디젤 표준을 제정하고, 100% 바이오디젤을 사용하는 디젤차를 유럽에서 시범운행 중에 있을 정도로 확대 정책을 펼치고 있다. 현재 유럽 및 북미는 차량용 연료에 5~7%의 바이오디젤을 혼합시키고 있어 중장기적으로 수송용 바이오연료 부문은 지속적으로 성장할 것으로 전망되며, 기후변화 완화를 위해 수송 분야에서 핵심적 역할을 할 것으로 예상된다.

그림 10-4. 국내 바이오디젤의 유통 구조(출처: 신재생에너지백서, 2012)

국내에서도 2002년부터 시범 보급 사업을 시작으로 2015년 바이오연료 의무혼합제도(Renewable Fuel Standard, RFS)를 시행하고 있고, 바이오디젤 의무혼합비율을 2.5%에서 2018년 3.0%(BD3)로 정하고 있다. 이에 따라 국내 바이오디젤 시장도 형성되어 있으며, 고형연료 다음 두 번째로 큰 비중을 차지하고 있다. 이 외에도 바이오디젤 공정에서 파생된 바이오중유도 발전용과 선박용으로 사용되기 시작했다.

국내 바이오에너지 생산 기업은 바이오디젤을 생산할 능력은 있지만 원료를 대부분 해외로부터 수입해 오고 있어 원료의 안정적인 공급 문제가 있다. 따라서 제주도, 남해안 일대에 유채재배 시범사업을 진행하고 있으나 농가소득이 낮은 문제로 실효성이 떨어져 안정적인 원료공급을 위한 자원발굴이 필요하다.

바이오디젤이 수송용 연료뿐 아니라 난방과 발전용 연료로도 사용될 수 있어 이용범위가 점차 확대되는 긍정적인 측면이 있지만 바이오디젤의 보급이 더욱 활성화 되면 유채나 대두 기름과 같은 식용작물의 원활한 공급 역시 어려워져 원료의 가격 상승을 부추기고 수급 불안 문제를 유발시킬 것이다. 이런 문제의 대안으로 떠오르는 것이 폐식용유이다. 폐식용유로부터 바이오디젤을 생산하는 기술은 오스트리아에서 세계 최초로 상용화한 후 여러 나라에서 사용되고 있다. 폐식용유의 활용은 환경에 이로운 대안으로 현재 우리나라도 폐식용유로 바이오디젤을 생산하고 있고 그 양을 점차 늘려가고 있다. 그러나 아직 일부분으로 폐식용유의 연료화를 위해 폐식용유 분리수거를 위한 인식변화 및 수집 체계를 갖추어야 할 것이다.

바이오디젤은 경유와 달리 약 10%의 산소를 포함하고 있어 연소 시 대기오염 물질을 적게 배출하는 친환경 연료일 뿐 아니라 앞으로 에너지가 고갈되는 시기에 수송용 연료로 바로 쓸 수 있는 장점을 갖고 있어 주목해야 할 재생에너지 중 하나로 생각된다.

옥수수, 사탕수수에서 얻는 바이오에탄올

감자, 사탕수수, 사탕무, 보리, 옥수수와 같이 당 또는 전분 작물들을 발효시키면 바이오에탄올을 얻을 수 있다. 이 과정은 전분이 당으로 변환되고, 당이 에탄올로 발효되는 양조 과정과 유사한 방법으로 진행된다.

1980년대 브라질에서 바이오에탄올만으로 달리는 자동차가 운행될 만큼 바이오에탄올 생산 기술은 오래된 기술로 옥수수와 사탕수수로부터 상업적으로 대량생산하고 있다. 바이오에탄올은 북미와 남미를 중심으로 시장이 형성되어 있고, 2018년 자료에 따르면 미국과 브라질이 전세계 바이오에탄올 생산량의 86%를 생산, 보급하고 있다(그림 10-5).

바이오에탄올을 얻기 위해 사용되는 전분작물들은 식량자원과의 경쟁관계로 곡물의 가격 파동을 유발시킨다는 비판을 받고 있어 최근에는 전분작물 대신 목질계 바이오매스로 대체하려 하고 있다. 목질계 바이오매스를 전처리시킨 다음 당으로 전환이 가능한 부분을 선택적으로 분리하고 계속해서 효소를 사용하여 당으로 분해시키고 발효시켜 바이오에탄올을 얻는다. 이 같은 2세대 수송용 바이오연료 및 Advanced 바이오연료의 경우 수송용 바이오연료의 생산단가를 낮추고 곡물 가격 폭등의 문제를 해소하기 위해 미국을 중심으로 몇몇 선도 기업들이 목질계 바이오매스를

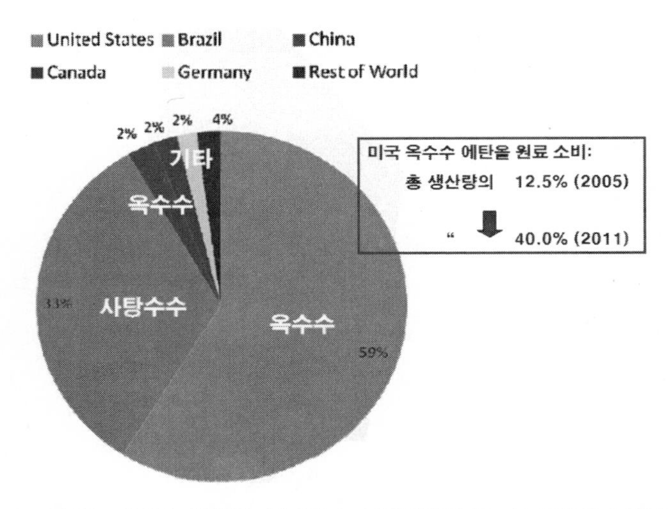

그림 10-5. 바이오에탄올 생산용 곡물원료 소비현황(출처: 신재생에너지백서, 2012)

이용한 기술개발 및 상용화와 경제성 확보 가능성을 파악하는 중이다.

해외에서는 목질계 바이오매스를 원료로 한 바이오에탄올 생산 공장이 지속적으로 증가하고 있으며, 세계 최대 규모인 DuPont사는 2016년 사용생산을 위한 가동을 시작하였다. 국내에서도 곡물 위주의 바이오에너지 연구에서 벗어나 비식용작물인 왕겨나 갈대를 이용한 기술개발이 상용화 이전단계에 다다른 상태로 상용화를 위한 기술개발에 박차를 가하고 있다. GS-Caltex는 2016년 여수에 폐바이오매스의 당화공정과 연계된 준상용 규모의 바이오부탄올 생산 공장을 완공하여 처음으로 목질계 바이오매스로부터 수송용 바이오연료를 생산하기 시작하였다.

나프타를 대체할 바이오리파이너리 기술

우리는 주변에서 바이오 플라스틱과 같은 바이오 화학제품들을 쉽게 접할 수 있다. 미국과 EU는 석유 고갈에 대비하여 석유화학 산업을 대체할 바이오리파이너리(biorefinery) 기술개발을 진행하고 있다. 이 기술은 옥수수, 카사바, 볏짚, 목재 등과 같은 바이오매스로부터 얻은 포도당을 발효시켜 젖산 또는 숙신산을 생산한다. 얻어진 중간 발효물질은 정제와 고분자 중합과정을 거쳐 생분해성 플라스틱(poly-L-1actates, PLA, polylactic acid)을 생산하거나, 중간 발효물질을 변형시켜 폴리머, 필름, 섬유, 유화제, 카드 등의 다양한 상품을 만들 수 있는 물질을 생산하는 것이다. 바이오리파이너리는 이와 같은 기술과 이를 실현한 플랜트를 말하는 것으로, 생성된 물질들은 석유로부터 얻는 나프타를 대체하는 데 활용하고자 한다.

최근 들어 유전학의 발전과 대량화 기술개발 등으로 바이오매스의 생산비용이 절감되고 있으며, 기존의 석유기반제품과 유사한 수준의 물성이 확보되고 있어 바이오 화학산업의 빠른 성장이 예상된다. 더욱이 플라스틱을 대체할 친환경제품에 대한 소비자의 요구가 확대됨에 따라 바이오리파이너리 기술을 이용한 산업은 확대될 것으로 전망된다.

EU와 미국 등은 바이오매스가 단기적으로는 기후변화에 대처할 수 있는 유효수단이지만 장기적으로는 석유자원 고갈에 대비가 가능한 에너지자원이라고 인식하고 있다. 따라서 바이오매스 기반의 바이오리파이너리 기술로 석유화학산업을 대체할 수 있도록 진행하고 있다.

새롭게 주목받고 있는 해양 바이오매스

광합성을 하는 생물자원은 공기 중의 이산화탄소를 유기물로 고정시켰다가 바이오매스를 연소시키거나 분해시킬 때 에너지와 함께 이산화탄소를 다시 방출하게 된다. 이런 이유로 바이오매스는 탄소중립적 에너지자원이고 지구상 모든 곳에 존재하는 풍부한 자원으로서 기후변화 대처에 직접적인 도움을 줄 수 있는 환경친화적 에너지원이라 할 수 있다. 또한 바이오매스로부터 전기, 열, 수송용 연료 및 기초 화학물질 등 다양한 형태의 에너지를 얻을 수 있다는 점에서 부각되고 있다.

그러나 1세대 바이오매스인 옥수수, 유채, 대두와 같은 식용작물로부터 바이오연료를 얻을 때 식량자원과의 경쟁 관계로 인한 부작용 때문에 2세대 바이오매스인 목재가 그 대안으로 떠올랐다. 이 기술은 우리 주변에서 흔히 볼 수 있는 나무, 옥수수대, 억새 등 셀룰로오스를 포함하는 목질계 바이오매스를 원료로 사용하지만 채집과 수송에 노력과 비용이 많이 드는 문제도 있다.

따라서 대규모의 토지에 플라타너스, 포플러, 유칼립투스 등 빠르게 성장하는 특정 작물을 계획 조림하는 식물농장을 운영하고 있으나 비료나 농약의 과다 사용으로 하천과 토양을 크게 오염시킬 수 있고, 한 종류의 생물자원을 키우게 되면서 단일 품종으로 인한 생물다양성을 훼손시킬 수도 있다. 또한 같은 양의 전력을 생산하는데 필요한 토지를 비교할 때 식물농장이 태양광발전에 비해 81배나 넓은 땅이 필요한 문제점도 가지고 있다.

이러한 1, 2세대 바이오매스가 지니고 있는 문제의 대안으로 최근 식물성 플랑크톤인 미세조류, 홍조류 등을 활용해 수송용 바이오연료를 생산할 수 있는 해양 바이오매스가 주목받고 있다(그림 10-6). 해양

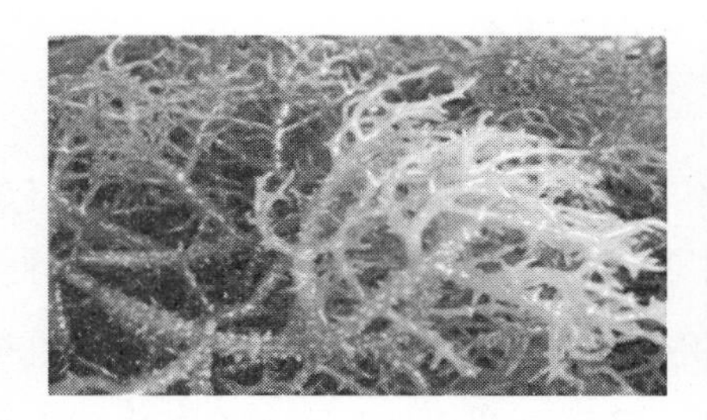

그림 10-6. 해양 바이오매스와 해조류로부터 추출된 바이오연료
(출처: 신재생에너지백서, 2012)

바이오매스들은 당 또는 지질 성분을 다량 함유하고 있어 바이오에탄올이나 바이오디젤로 전환하기도 쉽고 생장 속도도 빨라 생산성도 높다. 태양에너지의 이용효율이 곡물 자원보다 25배나 높을 뿐 아니라 이산화탄소의 흡수 순환 능력도 좋아 활용 가치가 높은 바이오매스로 평가되고 있다.

해양 바이오매스는 삼면이 바다로 둘러싸인 우리나라의 입지 조건에 적합해 주목받고 있다. 국내의 경우 바이오매스를 활용한 기술 수준이 해외 선진국에 비해 격차가 크지만 자원공급이 유리하고 향후 이용가능성이 높은 수송용 바이오연료를 공급할 수 있는 관점에서 본다면 해양 바이오매스의 가치가 매우 높다고 할 수 있다. 3세대 해양 바이오매스 중 우뭇가사리, 김, 꼬시래기 같은 홍조류는 당 함량이 높아 바이오에탄올 원료로 적합해 한국생산기술연구원이 연구개발 중에 있고, 한국에너지기술연구원에서는 석탄발전 연소배기가스와 저가의 광생물 반응기로 고지질 녹조류를 생산해 녹조류로부터 바이오디젤을 얻는 생산 기술을 확보했다. 식용작물과 달리 미세조류를 대량으로 배양해 에너지자원을 매일 수확하고 생산한다면 자원 독립을 통해 에너지 자립국으로 한 발 더 가까이 갈 수 있을 것으로 본다.

수송용 바이오연료에 대해 앞선 기술력을 보유한 미국은 수송용 바이오연료의 경제성 확보를 위해 목질계와 해양 바이오매스를 사용한 수송용 바이오연료 생산연구에 집중하고 있다.

바이오에너지와 지속가능성

기후위기에 대응하고 석유 자원고갈에 대비해야 할 필요성이 높아짐에 따라 신재생에너지 기술개발 및 보급 확대가 절실한 상황이지만 신재생에너지는 주민과 자연 생태계간의 조화도 만족시켜야 한다. 바이오에너지의 경우 원료작물 생산으로 인한 환경문제와 식량자원과의 충돌에 따라 EU는 2010년 바이오연료의 합리적 생산과 사용에 대한 지속가능성 기준(Sustainability Criteria)을 도입해 실질적으로 온실가스 감축 효과가 있고, 생물의 다양성을 훼손하지 않으며 식량 경합성이 없는 바이오연료에 대해서만 보급을 확대할 수 있도록 하고 있다. 생태계도 보호되면서 신재생에너지 보급도 늘릴 수 있는 방안을 찾기 위한 모두의 지혜가 필요한 것 같다.

11

폐기물의 화려한 변신

폐기물로 에너지 만들기

인구는 계속 증가하고 있고, 산업이 발달되어 생활수준이 높아지게 되자 많은 양의 폐기물이 발생되고 있다. 폐기물의 처리가 사회적 문제를 일으키는 상황에서 버려지는 쓰레기로부터 에너지를 얻을 수 있다면 환경오염을 줄일 수 있을 뿐 아니라 경제적 효과도 얻을 수 있을 것이다. 더욱이 폐기물 양이 계속 증가되고 있다는 것은 폐기물을 안정적으로 공급할 수 있는 잠재적 에너지원으로 쓸 수 있기에 폐기물의 관리와 함께 에너지로 만드는 것에 관심을 기울일 필요가 있다.

최근 폐기물에너지를 재생에너지의 종류로 인정할 것인지에 대한 논의가 있었다. IEA(International Energy Agency, 국제에너지기구)의 2017년 자료에 따르면 재생가능 폐기물로부터 회수된 폐기물에너지(WTE, Waste to Energy)를 재생에너지로 따로 분류하고 있다. 국내에서는 국제기준에 부합하지 않게 석유, 석탄 등 화석연료로부터 생산된 화학섬유, 인조가죽, 비닐 등과 같은 비재생폐기물로부터 얻은 에너지도

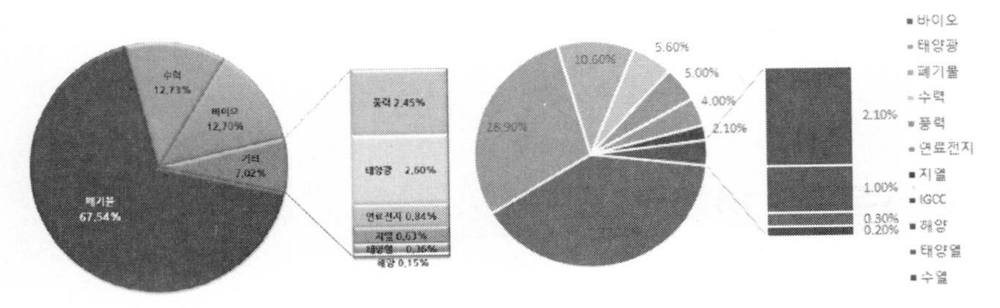

그림 11-1. 2011년(좌), 2020년(우) 국내 신재생에너지 공급비율
(출처: 신재생에너지보급통계, 2011 & 2020)

폐기물에너지 통계에 포함시켰으나 2019년 신재생에너지법의 개정으로 비재생폐기물로부터 생산된 에너지를 폐기물에너지에서 제외시켰고, 2020년부터 폐기물에너지의 기준 및 범위가 변화되었다. 따라서 2016년 기준에서는 폐기물에너지가 국내 신재생에너지 중 61.7%로 가장 큰 공급 비중을 차지했던 통계자료와 달리 2020년 기준에서는 폐기물에너지의 비중이 10.6%로 바뀌었다(그림 11-1).

폐기물이란

그렇다면 모든 폐기물로부터 에너지를 얻을 수 있을까? 폐기물은 지정폐기물을 제외하고 발생원에 따라 분류하면 크게 일상생활에서 발생하는 생활폐기물과 다양한 산업 활동에 의해 발생되는 사업장폐기물로 구분하고, 사업장폐기물은 다시 사업장생활계폐기물, 사업장배출시설계폐기물, 건설폐기물로 구분한다(표 11-1). 즉, 폐기물은 일상생활이나 산업활동에 의해 발생되는 플라스틱, 섬유 등 가정에서 배출되는 고형의 생활폐기물과 식품가공 공장, 종이생산 공장, 가구 공장, 플라스틱, 타이어생산 공장 등에서 배출되는 사업장배출시설계폐기물을 포함한다. 지정폐기물은 각종 산업 활동에서 발생하는 강한 산성, 염기성, 중금속이나 해로운 화학물질, 의료폐기물 등과 같이 환경과 국민 건강에 해를 끼치는 폐기물을 말한다. 국내에서는 폐기물 관리법에 따라 폐기물을 재활용, 소각, 매립으로 처리하고 있다.

표 11-1. 폐기물의 분류(출처: 환경부)

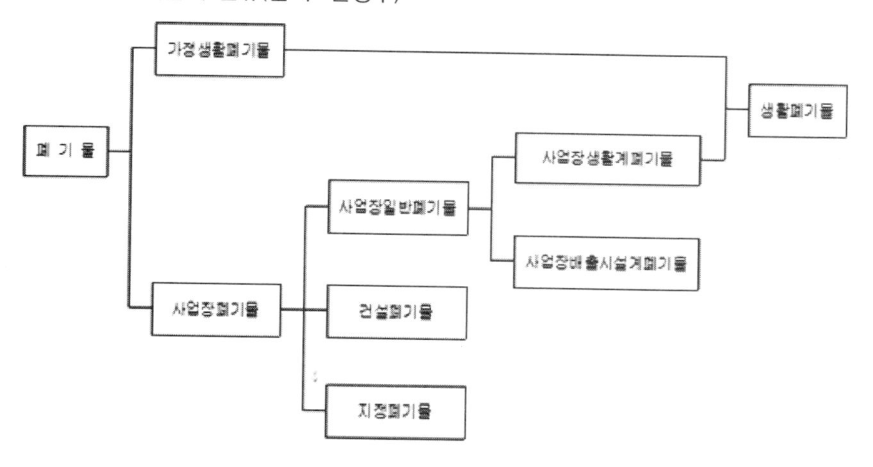

폐기물 관리정책에 따르면 폐기물 관리의 우선순위는 폐기물의 감량, 물질 재활용, 에너지회수, 그리고 매립 순이며, 선진국을 중심으로 폐기물의 최소화와 자원순환 정책이 강력하게 추진되고 있다. 세계적 흐름과 같이 우리나라도 쓰레기종량제 실시로 폐기물을 줄이기 위한 정책을 실시하고 있고, 가장 큰 비중을 차지하고 있는 재활용은 2016년에 85.7%에서 2020년 88.1%로 꾸준히 증가하고 있다. 특히 매립은 8.4%에서 4.8%로 계속 감소되는 경향을 나타내고 있다. 즉, 폐기물의 처리는 재활용과 함께 소각처리를 통한 에너지회수로 점차 전환되고 있다. 따라서 폐기물은 재사용 가능한 폐기물을 먼저 분리해 낸 후 나머지 폐기물 중 가연성폐기물로부터 에너지를 생산한다.

폐기물 중 음식물쓰레기와 같은 유기성폐기물을 생물학적방법으로 미생물을 사용해 에너지로 만드는 매립지가스와 바이오가스 등은 바이오에너지로 분류되므로 폐기물에너지에서 제외되었다. 따라서 폐기물에너지는 가연성폐기물을 가공 처리시켜 고형연료를 생산하는 물리적 방법과 열분해로 액체, 기체연료 등을 생산하거나 소각시켜 열을 얻는 열화학적 방법으로 생산된 에너지로 정의되고 있다. 폐기물에너지를 얻는 기술로는 고형연료 기술, 열분해 가스화(합성가스) 기술, 열분해 액화(액체연료) 기술, 소각열 회수 이용기술이 주를 이루고 있다. 그런데 최근 폐플라스틱과 같이 화석연료 기반의 폐기물로부터 생산되는 에너지를 재생에너지로 인정되는 폐기물에너지에서 제외시키면서 국내 재생폐기물에너지와 관련된 분야는 고형연료화, 소각, 열분해가스화가 해당된다고 할 수 있다.

폐기물을 고형연료로

고형연료(SRF)는 소각열 회수와 함께 현재 국내 폐기물에너지 분야에서 큰 비중을 차지하고 있다. 고형연료의 명칭은 국가별로 RDF(Refuse Derived Fuel) 또는 SRF(유럽: Solid Recovered Fuel, 국내: Solid Refuse Fuel)가 사용되고 있다. 전 세계적으로 고형연료화 기술은 완전 상용화에 도달하였으나 국가별 폐기물관리정책에 따라 영향을 받는 분야여서 시장이 높게 형성되지 않고 있다. 고형연료화 기술은 생활 또는 산업폐기물 중 폐지, 폐목재, 폐플라스틱 등의 가연성폐기물과 하수슬러지를 이용해 고형연료 제조와 성형의 공정을 거쳐 고형연료를 생산한다. 생산된 고형연료는 전용발전소 연료 또는 석탄 화력발전소의 보조 연료로 활용해 열 또는 전기를 생산하고 있다(그림 11-2).

쓰레기의 에너지화는 부족한 매립지 문제를 해결할 수 있고, 폐기물 처리 비용도 받을 수 있고, 회수된 에너지의 판매수익과 낮은 원료가격 때문에 경제성까지 확보되고 있다. 또한 폐기물 고형연료는 수분을 제거하고 소석회를 첨가하여 제조하기 때문에 연소 시 다이옥신 및 황산화물 같은 유해가스의 발생을 감소시킬 수 있다. 그러나 폐기물에너지는 쓰레기를 에너지화하는 설비과정과 기술개발에 투자비용이 많이 들고, 최근에는 고형연료 사용시설 주변 주민들의 반대로 시장이 위축되고 있다. 이런 다양한 문제를 해결하려면 환경에 안전하고 연료로서의 가치를 갖춘 친환경적인 폐기물 고형연료가 필요하다. 이런 품질기준을 만족하려면 폐기물 선별 기술, 성형기술, 건조기술 등의 개발이 필요하다. 이와 함께 고형연료를 이용한 에너지 생산시설에 고형연료 전용 및 혼합연료 연소기술, 고형연료 전용 열병합발전 보일러 등의 개발도 필요하다.

2006년 국내 최초로 원주시에서 생활폐기물 RDF 플랜트가 설치되어 가동된 이후 신재생에너지 공급의무화제도(RPS) 시행으로 화력발전소, 시멘트회사, 제지회사나 염색 산업 보일러, 건물 냉난방 보일러 등 다양한 수요처에서 고형연료를 사용하게 되면서 그 수요가 증가되었다. 그러나 최근 고형연료 사용시설 지역주민들이 건설을 반대하면서 신규시설

성형 일반 고형연료제품

비성형 일반 고형연료제품

그림 11-2. 폐기물로 만든 고형연료(출처: 산업통상자원부)

건설이 거의 중단된 상태로 수요가 주춤하고 있다. 또한 신재생에너지 사용실적에서 SRF의 비율을 축소시킴에 따라 시장은 더욱 위축되었다. 유럽연합의 경우 품질규격과 함께 품질등급제를 시행해 고형연료 제조에 따른 발열량, 기술성 및 환경적 부분을 관리하고 있다. 따라서 국내에서도 고형연료의 경제성과 환경성이 고려된 제도 마련이 조속히 추진되어야 할 것으로 본다.

소각으로 만드는 폐열

소각은 가장 전통적인 폐기물의 에너지화 방법이다. 폐기물을 소각 처리하는 과정에서 발생되는 폐열을 에너지로 활용함과 동시에 최종 처분해야 할 폐기물의 양을 줄일 수 있는 장점 때문에 현재 폐기물 에너지화에 있어서 가장 많이 활용되고 있는 방법이다(그림 11-3). 폐기물 소각열은 생활폐기물 또는 사업장에서 배출되는 가연성폐기물을 소각할 때 발생하는 폐열을 이용하여 스팀을 생산한 후 열 수요처로 온수와 난방열을 공급하거나 전력 생산에 사용하는 것을 말한다. 소각기술은 이미 상용화되어 전 세계적으로 소각시설을 운영하고 있으며, 소각시설의 약 90%가 유럽과 아시아 지역에 있다. 특히 유럽연합, 일본, 미국, 중국 등의 국가들이 소각시설 용량을 많이 확보하고 있다.

국내의 경우 2020년 기준 신재생에너지 중 폐기물에너지가 10.6%를 차지하고 있고, 이 에너지의 대부분이 소각시설로부터 생산될 만큼 소각 폐열은 폐기물에너지에서 큰 비중을 차지하고 있다. 이뿐 아니라 폐기물의 에너지회수에 대한 중요성이 커지고 있고, 도시고형폐기물(생활폐기물) 중 소각처리 비중이 2010년 21.6%에서 2018년 24.6%로 다소 증가하고 있어 앞으로도 계속 증가할 것으로 전망되고 있다. 따라서 폐기물처

그림 11-3. 폐기물 소각시설(충남)(출처: 신재생에너지센터)

리의 광역화 체계를 통해 소각로를 대형화시키고, 열 공급을 받을 지역 인근에 소각로를 건설해 폐열을 효율적으로 이용할 필요가 있다.

폐기물은 인간이 활동하는 동안 필연적으로 발생되므로 연료를 안정적으로 공급할 수 있어 폐기물 에너지화 시설로부터 에너지를 안정적으로 생산할 수 있어 경제성도 우수하다. 이처럼 폐기물도 줄이고 에너지도 얻을 수 있어 에너지화 시설이 꼭 필요하지만 소각할 때 배출되는 대기 오염물질 때문에 주변 지역주민들이 혐오시설이 들어서는 것에 대해 반대가 심하다. 그런데 소각장에서 발생되는 여열과 전기를 수영장, 헬스 시설 등 지역주민들을 위한 공간에 활용함으로서 과거와 달리 소각시설이 단순히 폐기물을 처리하는 시설이 아닌 에너지 생산시설이라는 인식의 변화가 일어나고 있다. 따라서 대기 오염물질이 배출되지 않는 청정에너지로 안심하고 이용할 수 있도록 소각로 기술과 폐기물을 적극적으로 활용할 수 있는 폐기물 고도처리기술 등의 개발로 폐기물을 적극 활용할 수 있게 해야 할 것이다.

가연성폐기물을 합성가스로

가연성폐기물로부터 합성가스나 액체연료도 얻을 수 있다. 합성가스를 생산하는 기술은 열분해 가스화(Gasification)라 하며, 액상의 연료유를 생산하는 기술은 열분해 액화(Pyrolysis)라 한다. 현재 열분해 기술은 완전 상용화에 도달되지 못해 이 기술이 이용되고 있는 시설이 많지 않다. 그러나 열분해 가스화 기술은 고분자폐기물, 생활쓰레기, 하수슬러지 등 다양한 종류의 폐기물들을 처리할 수 있는 장점도 있고, 최근 21세기 수소 사회를 대비하기 위한 수소 생산기술이 떠오르면서 주목받고 있다.

가연성 혼합폐기물을 850℃ 이상의 고온에서 부분 산화 조건으로 열분해시키면 일산화탄소와 수소를 주성분으로 하는 합성가스를 생산하는 것을 열분해 가스화 기술이라 한다. 생산된 합성가스는 2차로 연소시켜 열 또는 전력을 생산한다. 국내 대부분의 열분해 가스화시설에서 이 방법을 채택하고 있는데, 앞으로 다가올 수소경제사회를 대비해 합성가스로부터 수소를 생산하거나 메탄올, 암모니아와 같은 고부가가치의 기초 화학원료도 얻을 수 있는 기술이다.

또 다른 열분해 기술 중 하나인 열분해 액화기술은 무산소 상태에서 폐플라스틱, 폐비닐, 폐타이어 등 고분자 폐기물을 400~500℃의 열을 가하여 저분자 탄소사슬로 만들면서 열분해 반응으로 액체연료(액상의 연료유)를 생산하는 기술이다. 일반적으로 열분해 유화기술로도 알려져 있다. 열분해 액화는 석유를 원료로 사용해 만들어진 제품에서 다시 액상의 연료유를 회수하는 방법으로 얻어진 액상의 연료유는 부가가치가 높은 연료유라 할 수 있다. 그러나 열분해 액화기술에 사용될 폐기물들은 불순물이 적고 폐플라스틱과 같은 고분자화합물 계열의 폐기물만 제한적

그림 11-4. 폐플라스틱 유화시설(전북익산)(출처: 에너지관리공단)

으로 사용되기 때문에 원료로 사용할 폐기물의 확보와 상용화에 도달하지 못한 기술적 문제로 크게 활성화되지 못한 상황이다(그림 11-4). 더욱이 화석연료를 기반으로 하는 폐기물로부터 생산되는 에너지의 경우 재생폐기물에너지에서 제외되고 있어 열분해 액화기술로부터 생산되는 폐기물에너지의 기술 개발은 위축될 우려도 있다.

열분해가스화와 열분해액화기술은 고형연료기술이나 소각기술에 비해 경제성뿐 아니라 기술적 개선과 검증이 필요한 단계로 세계적 시장형성은 아직 미미하다. 그럼에도 불구하고 일본은 세계적으로 열분해 시설을 가장 많이 운영하고 있다. 우리나라에서는 아직 실증단계로 2008년 양산시에 생활폐기물 열분해 가스화시설이 국내 최초로 설치되었으나 보급된 에너지양은 미미하지만 순환경제에 대한 관심이 높아지면서 열분해 기술과 관련된 시장의 선점을 위해 기술개발 및 적극적인 투자가 선행되어야 할 필요가 있겠다.

친환경화력발전소나 소각시설을 내 집 주변에?

고형연료를 사용하는 화력발전소는 친환경 발전시설로 알려져 있음에도 불구하고 지역주민들은 발전시설건설에 반대하고 있다. 이것은 님비(NIMBY, Not In My Backyard)현상으로 지역주민들의 이기적 행동으로만 생각해야 할까? 우리는 폐기물에너지의 필요성을 알면서도 관련시설이 생겼을 때 주변 환경에 끼치는 영향 때문에 내가 살고 있는 지역에 혐오시설이 들어서는 것을 반대하고 있다. 그 이유는 산업용 보일러나 발전시설에서 고형연료를 태우거나 쓰레기 소각장에서 폐기물을 태울 때 배출되는 물질들이 환경오염을 일으킬 수 있다는 우려 때문이다. 이로 인해 요즘 신규 시설확보에 많은 어려움이 있다. 향후 대기오염물질의 배출을 방지할 수 있는 소각기술의 개선이나 고형연료의 품질규격화 추진 등 기술의 발전을 통한 대안을 마련해야 할 것으로 생각된다.

12

해양에너지

바다가 우리에게 주는 자원

지구 표면의 약 2/3 이상을 차지하고 있는 바다에는 거대한 양의 자원이 존재한다. 해양자원 중 많은 양의 수산자원을 공급함으로서 인류의 식량공급에 큰 영향력을 미쳐왔으며, 의약품이나 공업원료와 미래의 에너지원으로도 사용되고 있다.

우리가 바다에서 얻을 수 있는 자원은 크게 해양생물자원, 해양광물자원, 해양에너지자원(Ocean Energy)으로 나눌 수 있다. 해양생물자원은 대부분이 수산자원이고, 해양광물자원으로는 바닷물로부터 얻을 수 있는 소금, 마그네슘, 브롬 외에도 석유나 천연가스가 있다. 해저에 있는 석유나 천연가스는 해양광물자원중 경제적으로 가장 가치가 높은 자원이다(그림 12-1).

바다는 태양의 복사에너지를 사용해 기후를 완화시키는 큰 역할을 할 뿐아니라 저장된 태양에너지는 바람이나 해류와 같은 운동에너지로 변환되거나 바다의 표층수에 열에너지로 저장된다. 이결과 바다에는

그림 12-1. 해양에너지 자원

파랑, 조석, 조류, 수온, 염분 등의 다양한 에너지자원이 존재한다. 해양에너지자원이란 이를 효과적으로 변환시켜 전력을 생산할 수 있는 에너지를 말한다.

삼면이 바다로 둘러싸인 우리나라 연안은 다양한 해양에너지자원이 풍부하게 존재한다. 자원의 종류에 따라 해양 에너지는 조력에너지, 조류에너지, 파력에너지, 해수온도차에너지로 나누어진다. 해양에너지는 바다라는 특정 환경 때문에 다른 신재생에너지 분야에 비해 상대적으로 미개발 분야로 여겨왔으나 최근 관련 해양기술의 발달로 해양에너지자원에 대한 관심이 증가하고 있다. 또한 이런 해양에너지의 개발은 에너지 수입의존도를 낮추어 에너지 자립도를 높일 수 있다. 해양에너지자원은 고갈될 염려가 없어 화석연료의 고갈과 급격한 기후변화를 해결할 수 있는 새로운 청정에너지가 대두 되면서 화석에너지를 대신 할 차세대 에너지원으로 주목되고 있다.

밀물과 썰물로 얻어지는 바다에너지

옛날부터 바닷가에 사는 사람들은 밀물과 썰물의 자연현상에 많은 관심을 가지고 이를 효과적으로 이용하여 왔다. 밀물을 이용해 염전에 물을 대거나, 썰물 때 수심이 낮은 지역에 그물을 설치해 물고기를 잡기도 했다. 조차가 큰 지역에 사는 사람들은 조차를 방앗간에 이용하기도 했다. 영국과 프랑스에서는 곡식을 빻는데 조차를 이용해 왔고 이는 현재의 조력발전의 원리와 같다고 할 수 있다. 산업 혁명 후 수력발전의 기술이 개발되고 대형 수력발전소가 건설됨에 따라 조석 현상을 이용하는 조력발전에 대한 관심도 점점 증가되었다.

바다에서는 지속적으로 밀물과 썰물이라는 거대한 자연현상이 일어나고 있다. 지구의 자전과 달의 공전으로 인해 지구의 바닷물이 달과 태양의 인력 영향으로 해수면 상승과 하강을 일으켜 바닷물의 표면은 하루에 두 차례씩 밀물과 썰물 현상이 발생한다. 또한 지구와 달은 자전과 공전 때문에 바닷물의 높이가 수시로 변하고, 여기에 태양의 위치에 따라 조류의 수위가 가장 높은 사리(대조)와 조류의 수위가 가장 낮은 조금(소조)이 된다. 사리와 조금의 간격은 달의 공전주기인 29.5일의 반인 14~15일 주기로 나타나면서 밀물과 썰물이 발생하고, 바닷물의 수위가 가장 높을 때를 만조, 가장 낮은 때를 간조라 부른다. 만조 때의 수위와 간조 때의 바닷물 높이 차이를 '조석 간만의 차' 또는 줄여서 조차라 한다.

지역에 따라 크게 달라지는 조차를 이용해 전력을 생산할 수 있는데 이것을 조력발전(tidal power)이라 한다. 조력발전은 조차가 크게 발생하는 강 하구나 만에 방조제를 막아 바닷물저수지(조지)를 만들고, 이 저수지에 밀물 때 바닷물을 담아 저수지와 바다의 수위차를 다르게 해

인공적인 낙차를 만들어 전기를 생산하는 것이다. 이 방법은 조력발전의 대표적인 방법으로 조지식이라 한다. 조력발전의 핵심은 인공적인 낙차를 이용하는 것으로 높은 곳의 바닷물을 낮은 곳으로 떨어뜨려 에너지를 발생시키고 이 에너지로 수차발전기를 가동하여 전기를 생산하는 것이다. 댐을 만들어 낙차를 이용하는 수력발전과 같은 원리이다.

조력발전은 밀물과 썰물을 모두 이용하여 발전을 하면 복류식 발전이라 하고, 밀물이나 썰물중 하나를 선택하여 발전을 하면 단류식 발전이라한다. 단류식 발전 중 밀물 때 발전하는 방식은 창조식이라 하고, 썰물 때 발전하는 방식은 낙조식이라 한다. 낙조식은 조력발전의 대표적인 방법으로 밀물 때 수문을 통해 바닷물을 조지에 끌어들인 후 해면 수위와 저수지의 수위가 같아지면 수문을 닫는다. 간조가 되면 해면의 수위가 낮아지기 때문에 낙차가 크게 되므로 해수를 저수지로부터 바다로 빼내면서 수차발전기를 돌려 전기를 생산하는 방식이다.

조력발전을 하려면 조차가 평균 3 m 이상 되어야 하는데 세계적으로 조력발전이 가능한 나라는 10여 나라 정도이다. 우리나라 서해안은 리아스식 해안으로 굴곡이 심하고, 크고 작은 만이 많이 발달해 있는 지형적 특성과 함께 조수간만의 차이가 커서 조력발전의 적합지역이라 할 수 있다.

조력발전의 효율은 밀물과 썰물의 차이와 함께 저수지의 저수용량에 크게 영향을 받는다. 즉, 넓은 저수지가 들어앉을 수 있는 패쇄된 만의 형태를 가진 입지조건이 매우 중요하다. 우리나라는 수심이 깊고 조수간만의 차가 적은 동해안 보다 수심이 얕고 조수간만의 차가 8~11 m에 이르는 서해안에 설치하는 것이 유리하다(그림 12-2).

조력발전은 하루에 2번의 밀물과 썰물이 교차를 이용하여 전기를 생산하므로 태양이나 풍력처럼 기후 조건에 영향을 받지 않고 일정하게 전기를 생산할 수 있다. 또한, 만을 방조제로 막아 도로를 개발하거나 교통망

그림 12-2. 조력발전의 원리(출처: 시화호 조력발전소)

을 개선할 수 있는 장점도 지니고 있다. 조력발전은 주로 해안가에 대규모로 조성된다. 따라서 충분한 조차가 발생하는 대규모의 부지 확보가 필수적이고, 초기 건설비용이 많이 들고, 건설기간도 오래 걸린다. 또한, 조력발전의 특성상 바다에 위치하므로 에너지 수요처와 거리가 멀어서 송전 효율이 낮아질 수도 있다. 바다와 인접한 강어귀에 댐을 건설하는 경우에는 강 유역의 수위 변화가 일어나므로 조류 수위가 올라감에 따라 침몰되는 지역도 생겨나게 된다. 조력발전소의 위치로 인한 기존 갯벌의 변화, 해안침식의 우려가 있으며 해안생태계 파괴와 같은 영향을 미칠 수 있다.

시화호 조력발전소

세계에서 5번째로 세계 최대 규모의 조력발전소가 시화호 조력발전소이다. 시화호 조력발전소의 역사는 시화방조제로 거슬러 올라간다. 안산시와 대부도를 연결하는 시화호는 담수호로 조성하여 경기도 시화만에 농·공업용지 및 휴식 공간을 만들 목적이었다. 그러나 1994년 완공 당시 시화호는 바닷물이 차단되고 지천에서 유입되는 오염 물질로 죽음의 호수에 이르게 되었다. 이로 인해 수질 개선의 대책을 고민하던 중

2000년에는 담수화 계획을 포기하고 다시 수문을 통해 해수를 유입하자는 결론에 이르렀다. 시화호의 수질을 개선하기 위해 수문을 건설해야하는데 이 때 수문을 건설함과 동시에 수차를 세워 발전도 함께하여 전기도 생산하자는 의도에서 시화호 조력발전소가 건설된 것 이다. 즉, 시화방조제를 적극적으로 이용하면서 동시에 시화호 오염을 해소하려는 의도에서 건설되었다.

세계 최대의 규모를 자랑하는 시화호 조력발전소는 지난 2004년 12월 착공 이후 7년 간의 공사기간을 거쳐 지난 2011년 11월 완공됐다. 시설용량 254 MW로 시작한 시화호 조력발전소는 그해 8월 발전을 개시한 이후 7개월 만인 2012년 2월 말 전기생산량 1억 kWh를 돌파하기에 이르렀다(그림 12-3). 10여년이 지난 후에는 매년 약 500 GWh의 재생에너지를 생산하고 있다. 기존의 시화방조제를 그대로 이용하였기 때문에 토목공사비를 많이 경감할 수 있었고, 우리나라에서 가장 이상적인 조건을 갖춘 곳이다.

조력발전은 단순히 밀물과 썰물의 흐름만으로는 충분한 양의 전기를 생산하지 못한다. 어느 정도의 경제성을 확보하려면 인공적인 낙차를

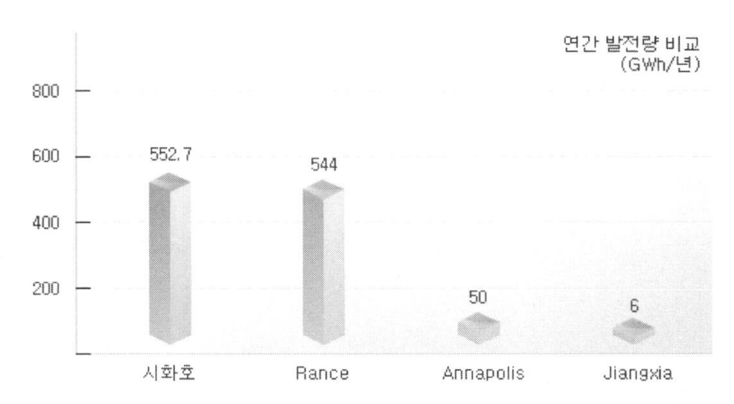

그림 12-3. 세계 여러 나라들의 연간발전량 비교 (출처: 시화호조력발전소)

(a)

(b)

그림 12-4. 시화호 조력발전의 원리(a)수차부, (b)수문부(출처: 시화호조력발전소)

만들어야 한다. 시화호 조력발전소는 방조제를 물막이로 삼아 인공적인 낙차를 만들어 냈으며, 여기에 서해안의 최대 9m에 달하는 조수간만의 차를 이용해 밀물 시 시화호 쪽으로 바닷물이 유입될 때 발전을 하고(단류식 창조 발전), 유입된 바닷물은 썰물 때 수문으로 배수하는 방식을 택하고 있다(그림 12-4).

기상조건이나 홍수조절 등의 이유로 가동시간이 일정치 않은 수력발전과 달리 한 번에 4시간 40분씩, 하루에 두 번 매일 정상 가동한다. 시화호 조력발전소는 연간 약 500 GWh의 전력을 생산하여 인구 50만 명 도시의 낮과 밤을 밝힐 수 있는 전력을 공급하고 있다. 특히 발전소의 건설로 연간 86만 배럴의 원유 수입을 대체해 매년 1,000억여 원을 절감시키고, 연간 이산화탄소 발생량도 31만 5000t이 줄어 66억 원의 절감 효과를 주고 있다.

또한, 시화호 조력발전소의 가장 큰 성공은 그동안 '죽음의 호수'라는 오명을 쓴 시화호에 생명의 숨결을 불어넣었다는 사실이다. 가동을 시작한 2011년 8월부터 시화호 내 해수 유통량이 증가하면서 수질이 개선됐고, 유영생물 등 시화호 내의 출현 어종이 증가추세로 나타났다. 이는 갯벌 등 주변생태계가 회복되고 정착되어 간다는 것을 알려준다(그림 12-5).

그림 12-5. 시화호조력발전소(출처: 신재생에너지센터)

조력발전의 국내 · 외 동향

바다라는 환경이 갖는 특성 때문에 다른 신재생에너지보다 늦게 개발되기 시작한 조력발전은 화석연료의 가격 상승과 새로운 대체 청정 에너지 개발의 필요성이 대두되면서 활발하게 진행되기 시작했다. 우리나라는 1920년대부터 조력발전을 생각하기 시작하여 본격적인 조사 · 연구는 1970 년대부터 실시하여 서해안의 가로림만, 아산만등 조수 간만의 차가 큰 여러 지점을 대상으로 타당성을 검토하고 개발에 관심이 있어 왔지만, 발전 보급이 이루어진 곳은 시화호 조력발전소이다. 시화호 조력발전소 건설 및 운영으로 조력 발전 관련 기반기술을 확보하고 있으나, 계속해서 자료수집과 분석을 통해 국내 조력발전 보급이 확대될 수 있기를 기대한다.

세계의 조력발전소

조력발전소는 1차 석유파동 때부터 세계인의 관심을 받아왔고, 이미 10세기경, 페르시아만 연안에서 제분용 기기의 동력으로 이용되었던 적이 있다. 현재 가동중인 대표적인 발전소는 1966년 프랑스 북부 랑스에 출력 240 MW 용량의 랑스조력발전소로 시화호 조력발전소가 준공되기 전까지는 세계최초로 건설된 최대규모의 조력발전소이다. 이 외에도 1968년 러시아 서북부에 출력 0.4 MW 용량의 구바조력발전소, 1984년 준공된 캐나다의 아나폴리스(Annapolis)에 20 MW 용량의 아나폴리스 조력발전소, 그리고 중국의 지앙시아(Jiangxia)에 3.2 MW 용량의 조력발전소를 들 수 있다(표 12-1).

표 12-1. 현재 운영중인 조력발전소(출처: 신재생에지백서, 2012)

발전소명	국가	시설용량(MW)	최대조차(m)	준공년도
La Rance	프랑스	240	13.5	1966
Annapolis Royal	캐나다	20	8.7	1984
Jiangxia	중국	3.2	8.4	1985
Kisiaya Guba	러시아	0.4	9	1968
시화호	한국	254	5.7	2010

전 세계 여러 나라 중 조력발전소를 할 수 있는 지형적인 조건을 갖춘 나라는 10개국 정도로, 조력발전소를 세울만한 지형과 큰 조차를 가진 적절한 장소 선정이 매우 어렵고, 조력에너지의 개발은 대규모 건설공사가 요구되므로 설치비용이 매우 많이 드는 것이 문제점으로 지적되고 있다. 따라서 조력에너지는 미래 전력수요의 일부만 충족시킬 것으로 예상되고 있다.

밀물과 썰물의 흐름으로 얻어지는 바다에너지

바닷물은 물의 밀도차이, 수온, 바람 등 여러 가지 원인으로 바닷물의 흐름이 생겨나 해류를 만들게 된다. 또한 밀물과 썰물시 바닷물의 수평운동으로 흐름이 생겨난다. 바닷물의 조석 현상에 의한 흐름이란 뜻으로 조류라고 한다. 조류의 세기와 방향은 조석과 같은 주기로 변하고, 조석의 원인보다 불규칙한 해안지형이나 해저 지형에 영향을 더 많이 받는다.

조차를 이용해 전기를 생산하는 조력발전과는 달리, 조류발전(current power)은 섬과 육지, 또는 섬과 섬 사이에 자연형태로 형성된 해수 통로에서 밀물과 썰물시 생기는 바닷물의 흐르는 속도만을 이용한다. 즉, 바다 밑에 좁게 형성된 수로 때문에 발생되는 급류의 운동에너지를 전기에너지로 만드는 방식이다. 육상에서 바람을 이용하여 풍차를 돌리는 것처럼, 바다 속에 프로펠러식 터빈을 설치하면 조류에 의해 터빈을 돌려 전기를 생산하는 것이다.

바다에 대규모 댐을 건설할 필요가 없고 발전에 필요한 수차와 발전장치만 설치하면 되기 때문에 비용이 적게 들고 건설기간이 짧으나 조류의 속도가 빠른 해상적격지가 드물 뿐 아니라, 조력발전처럼 대규모 시설의 적용이 어렵다. 일반적으로 경제성이 있는 조류발전의 위치는 최소한 2 m/s 이상의 조류 흐름이 있고 수심이 20~30 m 사이의 해안선이 근접한 장소가 적합하고, 수차를 돌려 전기를 생산하는 풍력발전의 원리와 동일한데 바닷물의 밀도는 공기 밀도의 약 840배 정도로 크므로 같은 용량의 발전기라면 조류발전에 사용되는 수차가 풍력발전에 사용 되는 수차보다 훨신 작아도 된다. 즉, 같은 규모의 수차를 사용할 때 조류발전이 풍력발전보다 더 많은 양의 전력을 생산할 수 있다. 날씨나 계절의 영향을 받는 태양광, 풍력발전과는 달리 조류발전은 안정적인 전력공급이 가능하여 신뢰성 있는 에너지원으로 활용이 가능하다는 장점을 지니고 있다.

아직까지 대규모 조류발전 시설은 없지만 우리나라를 포함한 영국, 미국, 캐나다, 노르웨이 등 여러 나라에서 조류발전을 상용화하기 위한 노력를 꾸준히 진행하고 있다. 우리나라의 서, 남해안은 해안선의 굴곡이 심한 리아스식 해안으로 크고 작은 만들이 발달해 있어 조류발전에 적합한 지형들이 많다. 특히, 전라남도 진도군 울돌목은 평균 유속이 최대 13 kn(1노트는 1시간에 1852 m를 가는 속도)로 물살이 빨라 조류발전의 적합지역으로 꼽힌다.

우리나라 최초로 전라남도 진도군 울돌목 앞바다에 2009년 1000 kW급 시험조류발전소를 설치하여 성공적으로 시험을 실시하였다. 2014년까지 1 MW 용량의 조류발전기 설치를 완료하고 2022년까지 200 MW 조력발전단지 개발을 완료해 세계 최대 조류발전단지를 운영한다는 계획이다(그림 12-6). 200 MW 규모의 조류발전 시스템은 18만 가구가 동시에 사용할 수 있는 전력을 생산하고, 이산화탄소 33만톤을 감축하는 효과도 있다. 빠른 유속을 가진 울돌목 바다는 이순신 장군이 명량대첩을 승리로 이끈 곳이기도 하다. 이곳의 빠른 물살이 다시 주목을 받으면서

그림 12-6. 전남 진도 조류발전소(출처: 신재생에너지센터)

청정에너지를 생산하는 토대가 되어 상용 조류발전이 본격 추진 진행되고 있다.

파도에서 얻어지는 바다에너지

파력발전(wave power)은 바람에 의해 발생한 파도의 위치에너지와 운동에너지를 이용하여 터빈을 구동하거나, 기계장치의 운동으로 변환하여 전기를 생산하는 에너지이다.

파력에너지(wave energy)의 발전장치 및 방식은 다양하며, 에너지 변환 원리에 따라 진동수주형, 가동물체형, 월파형 방식 등으로 나눌 수 있다. 진동수주형 방식은 파도의 높이가 변화되면 공기 흐름의 변화가 일어나게 되므로, 발생된 공기의 흐름은 터빈을 움직여 전기를 생산하는 방식이다. 가동물체형은 바다표면에 설치된 부유장치가 파도의 움직임에 따라 움직이면 부유장치에 연결된 기어가 발전기를 돌려 전기에너지를 생산하는 것으로 가장 오래된 파력발전의 한 형태이다. 월파식 파력발전은 방파제위로 넘치는 파도를 담수한 후 배수구의 하부에 수차터빈을 설치하여 발전을 하는 방식이다.

파력에너지를 이용한 발전 기술 연구는 파력 자원이 풍부한 영국, 미국, 캐나다, 덴마크, 호주 등에서 활발하게 추진되고 있다. 파력 발전은 대규모 발전 플랜트를 해상에 계류시켜야하는 기술적인 어려움과 심한 출력 변동이 있고, 외해로 나갈수록 막대한 파력에너지 자원이 존재하지만 단순 구조의 발전장치의 개발과 발전효율의 개선등을 필요로 하여 지금은 해역에서 시험 진행 중이다.

국내에서는 동해안과 제주도를 비롯한 남해안이 상대적으로 높은 파력에너지 밀도를 가지고 있어 파력발전의 적합지역으로 평가되고 있고,

그림 12-7. 500kW급 진동수주형 시험파력발전소(출처: 신재생에너지백서, 2020)

제주도에 진동수주형시험 파력발전소 개발에 관한 구체적인 연구가 시도되고 있다(그림 12-7).

파력발전은 소규모 개발이 가능하고 방파제 역할도 할 수 있어 실용성이 크다. 한번 설치하면 거의 영구적으로 사용할 수 있다는 장점을 지니나, 입지조건이 맞는 지역을 선택하기가 어렵고, 초기 제작비의 투자가 크다는 단점을 가지고 있다. 그러나 세계적으로 해양에너지 기술을 개발하는 대부분의 기업들이 조류발전과 파력발전을 개발하고 있고, 선진국을 중심으로 다양한 실증시험이 진행되고 있어 조만간 파력에너지의 대규모 활용이 가시화될 것으로 전망된다.

해수 온도차로 얻어지는 바다에너지

전 세계적으로 바다를 가진 나라들은 해양에너지를 효과적으로 활용하고자 많은 노력을 하고 있다. 그 중 하나로 바닷물이 가진 열에너지로 전기를 생산하는 것이 해수온도차발전이다. 수백 m 이하 심해의 수온과 바닷물의 표면온도차(대략 20~25℃)를 이용한 발전방식이다. 열대해역에서 바다표면의 해수 온도는 20℃를 넘으나 해면으로 부터 500~1000 m 정도 깊이의 심해는 2~7℃로 온도가 거의 변하지 않는다. 이런 표층수와 심층수의 온도차로부터 저온 비등 매체(냉매)를 이용하여 발전하는 기술을 해수온도차발전이라 하며, 줄여서 OTEC(Ocean Thermal Energy Conversion)이라고도 한다.

해수온도차발전시스템의 종류로는 저온비등냉매를 사용하는 폐순환 시스템과 저압의 증발기를 이용하여 온수 자체를 작동유체로 사용하는 개방형시스템이 있으며, 폐순환과 개방형시스템을 혼용하여 사용하는 혼합순환 시스템이 있다.

해수온도차발전은 열자원만 확보되면 발전에 필요한 히트펌프 장치는 이미 개발된 기술로 운용이 가능하다. 그러나 설비 크기의 대형화, 발전설비의 설치가 어렵고, 바닷물에 부식되지 않는 재료로 만들어야 하므로 설치비용이 많이 들고, 설치 유지도 어렵다는 단점을 지니고 있다. 또한 심해의 저온수를 채취할 때 바닷 속 각종 생물의 서식 환경의 오염을 막기 위한 대책을 필요로 한다.

우리나라의 경우 표층 24.8℃, 저층 6.1℃의 온도차를 이용해 338 kW 출력 생산의 성과를 낸 바 있고, 발전소의 온배수를 이용하는 등 다양한 방법을 모색하고, 연구개발에 성장하고 있는 추세이다.

해수온도차 발전 연구는 프랑스에서 시작되어 1973년 에너지파동을 겪으면서 미국과 일본을 중심으로 활발하게 진행 되었다. 미국은 80년대에 210 kW급의 해수온도차 발전에 대한 실증 실험을 마친바 있으며, 오랜 연구개발을 진행하여 온도차발전에 앞장서고 있다. 일본은 1974년부터 개발을 시작하여 100 kW급 발전소 운영을 통한 핵심기술을 확보하고 있으며, 프랑스 또한 15 kW급 파일럿 설치 운영을 통해 핵심기술을 확보하고 있다.

세계 해양에너지는 매우 풍부한 잠재량을 가지고 있으며, 에너지 밀도도 높고, 에너지원에 따라서는 발생시기가 일정하여 주기적으로 이용이 가능한 장점을 가져 차세대 에너지원으로 관심과 주목을 받으며 최근 연구가 활발히 진행되고 있다.

13

지열에너지

땅이 가지고 있는 에너지

지열에너지는 지표면의 얕은 곳에서부터 수 km 깊이에 존재하는 뜨거운 물과 돌을 포함한 땅이 가지고 있는 에너지로, 온천이나 화산분출물인 용암의 형태로 친숙하게 느낄 수 있다. 지구가 존재하는 한 계속 만들어지는 에너지원으로 지열은 거대하고 친환경적인 에너지로 지구 내부에서 발생한다.

지구 내부의 온도분포를 보면 태양열의 약 47%가 지표면을 통해 지하에 저장되며, 이렇게 저장된 열로 인하여 지표면 가까운 땅 속의 온도는 대략 10~20℃ 정도로 일 년 내내 큰 변화 없이 유지되고 있다. 그러나 지구 내부의 더 안쪽으로 들어가면 온도가 점점 증가해서 지하 수 km 아래로 내려가면 40~150℃ 이상을 유지하며, 더 깊은 지구 중심의 온도는 6000℃로 추정된다. 그렇다면 지구 내부의 뜨거운 열의 근원은 무엇 때문일까?

지구 내부 고온의 열은 지각을 구성하고 있는 암석 내의 방사성동위원

그림 13-1. 활화산의 모습(좌)과 온천마을 관광지(우)

소들(우라늄, 토륨, 칼륨 등)의 핵붕괴로 끊임없이 발생된 것과 지구 내부 고온의 핵이 식으면서 방출하는 열이 지각 쪽으로 전달된 것이다. 지각의 암석과 지하수로 전달된 열은 고온증기나 고온열수 또는 간헐천(Geyser) 등으로 지각 표면에 나타나게 되거나 화산지대 지표면 가까운 곳에서 고온의 열에너지로 얻을 수 있어 지열자원으로 이용하고 있다(그림 13-1).

이렇게 고온의 지열자원이 풍부한 지역은 어디일까? 일반적으로 지각이 생성되는 대양 중앙해령이나 지각판 경계면의 화산지대에서는 마그마의 대류로 인해 지표 근처에서도 매우 높은 온도의 지열을 얻을 수 있다. 따라서 지진이나 화산활동과 관련이 있는 지역에 지열자원이 풍부하므로 지열은 일부 지역에 편중되어 있다. 대표적인 지역으로 미국, 필리핀, 인도네시아, 뉴질랜드, 일본 등이 포함된 환태평양 조산대(불의 고리)가 있다. 이들 지역에서는 지열자원을 열과 온수공급 및 지열발전 등에 활용하고 있다.

지열에너지는 지열자원의 온도에 따라 통상 지하 300 m 깊이 이내의 천부의 중·저온(low to medium temperature, 10~90℃) 지열자원(천부 지중열)과 통상 지하 500 m 깊이 이상의 심부의 고온성(high temperature, 120℃ 이상) 지열자원(심부지열)으로 구분할 수 있다. 또는 지열에너지를 이용하는 기술에 따라 직접이용(direct use)과 간접이용(indirect use)으로도 나눌 수 있다. 최근에는 기술의 발달로 고온의 지열자원이 아닌 대기와 지중열의 온도차를 에너지원으로 이용하는 직접이용 방식이 주목받고 있다.

온천, 지역난방 및 냉난방에 이용되는 지열-직접이용 방식

직접이용 기술에는 온천과 수영처럼 여가에 활용하는 관광레저뿐 아니라, 지열 지역난방, 양식장, 온실재배, 농산물 건조장, 도로 융설, 산업체 등으로 아주 오래전부터 지열을 활용하고 있다(그림 13-2).

그러나 지열에너지는 열수가 풍부한 특정지역에서만 가능하기 때문에 지리적 제약이 있고, 지열수나 지열암반이 있는 지하 땅 속의 상황을 파악하기 어렵기 때문에 자원의 규모나 생산 가능한 용량의 평가도 어려워 개발 리스크가 크고 초기투자비도 많이 든다. 또한 자연재생과정보다 많이 사용하면 고갈될 염려도 있다. 대부분의 지열 지역은 화산지대로

그림 13-2. 지열을 이용한 온실재배(좌)와 도로 융설(우)(출처: http://slowalk.tistory.com/1111)

그 연관성은 미약하지만 지열에너지 생산이 지진활동을 유도할 수 있다는 주장도 제기됨에 따라 지열자원관리에 신중을 기할 필요도 있다.

지열을 직접 이용하는 것 중 최근 활발하게 보급되면서 가장 큰 부분을 차지하는 대표적 기술로 지열원 히트펌프(geothermal heat pump 또는 ground source heat pump; GHP 또는 GSHP) 시스템이 있다. 2009년 말 기준으로 전 세계 직접이용 보급용량 중 지열원 히트펌프(69.7%)의 공급이 크게 증가했고 2020년에도 72%를 차지하면서 계속 증가하고 있다. 이 시스템은 지표면 아래에 연중 일정하게 유지되는 지하 온도와 대기의 온도차를 이용해 냉·난방에 활용되고 있다. 고온열수가 필요 없고 300 m 깊이 이내의 12~15℃ 열기(천부 지열자원)를 이용하기 때문에 지역적 제약 없이 거의 모든 장소에서 이용할 수 있다.

지열 히트펌프 시스템은 지표면 아래의 온도가 겨울에는 지표위의 공기보다 따뜻하고 여름에는 차갑기 때문에 겨울에는 지열을 건물에 전달하고 여름에는 반대로 건물 내의 열을 지하에 전달하여 공간의 냉·난방에 사용된다. 미국 에너지부(DOE)의 연구결과에 따르면 기존의 상용 냉난방 설비와 비교할 때 지열원 히트펌프 시스템의 냉·난방 효율이 매우 우수한 것으로 보고하고 있다.

지열원 히트펌프 시스템의 주요설비는 지열을 회수하기 위한 열교환기와 회수한 저온의 지열을 유효에너지로 변환시키는 히트펌프가 있다(그림 13-3). 따라서 단독 주택, 중대형 건물, 시설원예, 산업현장 등 다양한 분야에 사용되고 있다.

지중열교환기는 밀폐형(closed loop)과 개방형(open loop)으로 구분할 수 있다. 밀폐형 지열시스템은 파이프 내의 열매개체(유체는 물 또는 부동액의 혼합물)를 순환시켜 주위 공기가 지열원보다 차가우면 건물에 열을 배출시켜 난방을 하고, 따뜻하면 열을 흡수하여 냉방을 한다. 이 시스템은 열매개체가 파이프 내에서 순환되면서 지열과 열교환이 일어나

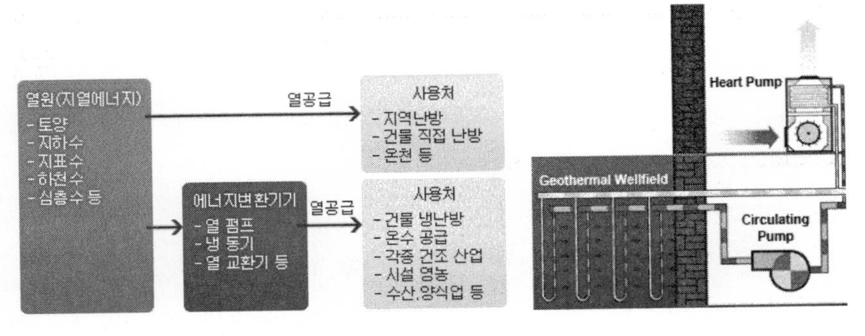

그림 13-3. 중 · 저온 지열자원의 직접이용(출처: 한국지열협회)

는 방식으로 수직형 또는 수평형 지중열교환기는 밀폐형의 대표적인 방식이다. 땅속에 수직으로 매설되는 수직형 시스템은 시공부지에 대한 제약이 적은 반면, 보어 홀(bore hole)을 천공해야 하므로 시공비용이 많이 드는 반면에 수평형은 열교환기를 매설할 수 있는 부지가 충분할 경우에 적합하며 보어홀 천공과정이 필요 없어 초기비용이 상대적으로 저렴하다. 밀폐형 시스템은 열전달효율이 떨어지고 초기 투자비가 개방형보다 다소 높으나 유지와 보수비용이 적게 든다.

개방형은 지하수 등에서 공급받는 물을 이용하는 것으로 운반하는 파이프가 개방되어 있고 풍부한 수원지가 있는 곳에서 적용할 수 있다. 파이프 내로 지하수를 직접 순환시키기 때문에 열전달효과는 높고 설치비용도 저렴하나 밀폐형에 비해 보수가 필요하다.

지중열을 이용한 지열원 히트펌프 시스템의 도입으로 국내를 비롯해 미국과 유럽뿐 아니라 전 세계적으로 지열을 이용한 냉·난방의 보급이 늘어나고 있다. 오클라호마주 주의회 의사당, 김포공항, 국내외 관공소, 학교 등 많은 지역에서 지열원 히트펌프 시스템을 도입했다. 땅속에 수직으로 파이프(loop)를 박고 히트펌프 시스템을 이용하여 냉·난방을 하고 있으며, 파이프가 설치된 지면 위는 주차장 또는 운동장으로 사용할

그림 13-4. 주차장 아래 지열원 히트펌프 시스템을 도입하려는 현장 모습

수 있다(그림 13-4).

2000년대 이전 까지도 지열의 직접이용은 지역난방과 온천 및 수영장으로 주로 이용되었으나 지역적 제약 때문에 시장 확대가 어려웠다. 그러나 지열원 히트펌프 시스템의 도입에 힘입어 2020년 기준으로 전체 지열 직접이용 보급량의 72%를 지열원 히트펌프 시스템이 차지하게 되면서 지열원 히트펌프 시스템은 지열 직접이용의 대표적인 분야가 되었다(표 13-1).

세계 지열 직접이용 국가는 88개 국가로 1995년 이래 계속 증가추세에 있다. 지열원 히트펌프 시스템이 지열 직접이용시장을 주도할 것으로 예상되는 가운데 현재 중국은 전 세계에서 지열의 직접이용이 가장 높은 국가가 되었고, 미국, 유럽, 중국 등이 보급시장을 주도하고 있다. EU국가들을 중심으로 기술개발뿐 아니라 활발한 보급을 위한 정책적, 제도적 해결책을 제시하고자 연구가 진행되고 있다. 더 나아가 유럽에서는 지열원 히트펌프를 이용한 냉・난방분야에서는 겨울철 난방과 여름철 냉방이 필요한 계간축열을 위한 지중열저장기술을 접목해서 이를 지역 냉난

표 13-1. 전 세계 지열에너지의 직접이용 현황(출처: 신재생에너지백서, 2020)

구분	보급용량(MWh)					
	1995년	2000년	2005년	2010년	2015년	2020년
지열원 히트펌프	**1,854**	**5,275**	**15,384**	**33,134**	**50,258**	**77,547**
지역 및 온실난방	3,664	4,509	5,770	6,938	9,574	15,227
온천 및 수영장	1,085	3,957	5,401	6,700	9,143	12,253
양식업(수산업)	1,097	605	616	653	696	950
산업용	544	474	484	533	614	852
기타(제설, 농업용 등)	420	325	614	535	600	798
합계	**8,664**	**15,145**	**28,269**	**48,493**	**70,885**	**107,727**

방을 공급하는 스마트 열 그리드(smart thermal grid)로 확장하는 방향으로 프로젝트들이 추진되고 있다.

우리나라도 지열 직접이용이 세계 여러 나라 중 14위로 지열 이용이 비교적 높은 국가가 되었다. 직접이용량의 대부분은 지열원 히트펌프 시스템이 차지(83%)하고 있고, 온실과 난방의 이용은 소규모로 부곡온천, 석모도 등 일부지역에서 활용(17%)되고 있다. 2000년에 최초로 지열원 히트펌프 시스템이 도입된 후 신재생에너지 보급을 위한 보조금제도와 공공의무화 제도를 통해 적극적으로 지원되고 있어 지열원 히트펌프 시스템의 보급이 크게 증가되었고, 앞으로도 탄소중립 목표 달성을 위해 계속 증가될 것으로 전망되고 있다.

지열로 만드는 전기-간접이용 방식

지열을 이용하는 또 다른 대표적 방식으로 지열발전(geothermal

power generation)이 있다. 지열발전은 땅속에 존재하는 고온열수 또는 고온증기(120~350℃)로 증기터빈을 돌려 전기를 생산하는 지열의 간접 이용 방식이다. 지열 저류층이 있는 화산지대에서 지열발전이 주로 운영되며, 2020년 기준으로 전 세계 29개 국가에서 총 15.95 GW 규모의 지열발전소가 운영되고 있다. 지열발전 상위 국가는 미국, 인도네시아, 필리핀, 터키, 케냐, 뉴질랜드, 멕시코 등으로 대부분 환태평양 조산대 부근에 위치한 국가들이다(표 13-2). 하지만 독일(43 MW), 중국(35 MW), 프랑스(17 MW) 등 비화산지대 국가들에서도 지열발전이 운영되고 있는 경향을 보이고 있다.

표 13-2. 세계 국가별 지열발전 설비용량(출처: 신재생에너지백서, 2020)

국가	2009년(MW)	2015년(MW)	2020년(MW)
미국	3093	3098	3700
인도네시아	1197	1340	2289
필리핀	1904	1870	1918
터키		397	1549
케냐	167	594	1193
뉴질랜드	628	1005	1064
멕시코	958	1017	1006
이탈리아	843	916	916
아이스란드	575	665	755
일본	536	519	550
코스타리카	166	207	262
..	..	..	..
호주	1.1	1	1
합계		12283.90	15950.46

환태평양 조산대의 나라들이 지열발전 설비용량 상위국가에 다수 포함되어 있는 것처럼 지열발전은 화산지대의 고온 지열자원이 풍부한 특정 지역에서만 유리하고, 설비투자에 있어 상당한 비용이 필요하다. 다만 지열을 이용할 수 있는 접근 가능한 지역이라면 운전기술이 간단하고, 가동비용이 적게 들어 전통적인 발전소에 비해 발전비용이 비교적 저렴해 경제성이 있다. 또한 지열에너지는 지구가 존재하는 한 무한량 공급되고 태양광, 풍력발전과 다르게 날씨나 기후조건에 대한 의존도가 크지 않아 1년 내내 항상 일정하게 발전될 수 있어 재생에너지원 중에서 유일하게 기저부하를 담당하는 유용한 에너지원이다. 전력생산과정에서 오염물질을 거의 배출하지 않고, 발전에 사용했던 지열수는 재주입으로 지반침하에 대한 영향을 줄일 수 있고, 폐수를 처리하는 문제를 해결한 환경친화적인 에너지원이다.

지열발전은 증기와 지하수의 온도에 따라 건조증기, 플래시, 바이너리 발전방식으로 구분할 수 있다.

건조증기(dry steam) 발전방식은 역사가 가장 오래된 방식으로 지하에 온도가 높은 건조증기만 부존하는 경우에 적용하는 방식이다. 이탈리아의 랄데랄로(Larderello)와 미국의 가이저(Geysers) 등이 대표적으로 이 방식을 사용하고 있고, 이 외에도 일본의 마추카와(Matsukawa), 뉴질랜드의 와이라케이(Wairakei) 등에서도 활용하고 있다.

현재 전 세계적으로 가장 널리 보급된 플래시(flash) 발전방식 또는 습증기 발전은 지열원이 열수 또는 열수와 증기가 혼합되어 있는 경우에 적용하는 방식이다. 생산정을 따라 지표로 올라올 때 저압에 의해 물과 증기의 혼합물로 얻어지는데 보어홀 출구에서 물과 증기로 분리된 후 증기만 이용해 발전하게 되고, 증기와 열수를 분리하는 단계에 따라 1단, 2단, 3단 플래시 방식으로 나뉜다. 이 방식은 인도네시아, 필리핀, 맥시코를 포함하는 일부 국가에서 활용하고 있다.

바이너리(binary) 발전방식은 증기를 효율적으로 만들지 못하는 중온수(180℃ 이하)나 플래시에 사용하기엔 너무 많은 불순물을 함유하는 지열원을 이용할 때 사용되는 방식이다. 중온의 지열을 끓는점이 낮은 작동유체에 전달하면 작동유체의 증기를 이용해 발전하는 방식이다. 작동유체로는 부테인(C_4H_{10}), 펜테인(C_5H_{12}), 암모니아(NH_3) 등의 냉매를 이용하므로 다시 냉각하는데 별도의 에너지가 필요하지만 작동유체의 온도에 따라 낮은 온도의 열수를 이용한 발전도 가능하다. 기술의 발달로 건조증기나 고온열수가 아닌 중온수나 불순물을 많이 함유한 열수 등 다양한 지열자원으로부터 전기를 생산하는 바이너리 발전방식은 계속 확대될 것으로 전망된다.

세계 지열발전 시설이 꾸준히 증가될 것으로 예상되고 있는 가운데 전체 발전방식별 설치용량 분포를 비교하면 플래시방식이 62%로 가장 높은 점유율을 보이고 있고, 그다음으로 건조증기(22%), 바이너리 발전(14%)이 뒤따르고 있다. 그러나 지열발전 중 바이너리 발전의 점유율이 이전보다 높은 증가율을 보이는 것은 주목할 만 한 점으로 고온의 지열자원이 있는 국가만 지열발전이 가능한 것이 아니라 중저온 지열수를 이용한 지열발전의 보급이 확대될 수 있음을 보여준다.

더 나아가 최근 비화산지대에서의 지열발전 개발 가능성이 높은 기술로 EGS(enhanced geothermal systems, 강화지열시스템) 발전이 주목받고 있다. EGS 발전은 지하 심부의 마그마에 의해 뜨거워진 암석(hot dry rock)층이 발견되면 지표에서 암반층까지 보어홀을 시추한 후 이 안으로 물을 주입하여 고온의 수증기를 만들고 이를 이용해 증기터빈을 돌려 전기를 생산하는 방식이다. 고온 지열자원이 없는 지역에서도 지열발전이 가능한 EGS 발전은 미국과 유럽의 일부 국가(독일, 스위스, 프랑스 등)에서 경제성 확보를 위한 연구가 진행 중으로 계속적인 투자와 기술개발이 이루어진다면 지열에너지는 경쟁력을 갖춘 재생에너지원이

(a) 미국 The Geygers 건조증기 발전소

(b) 미국 Imperial Vally 플래시 발전소

(c) 스위스 바젤시의 EGS 발전 건설현장

(d) 국내 포항시의 EGS 발전 건설현장

그림 13-5. 세계의 지열발전(출처: 한국지열협회, http://blog.naver.com/hkc0929/220268500224)

될 것이다.

지열발전은 고온의 지열자원이 있을 때만 가능해 널리 보급되는데 제약이 있었으나 EGS 발전이 상용화되면서 전 세계적으로 보급률은 증가하게 될 것으로 전망된다. 아직은 EGS 발전이 독일, 프랑스 등에서 제한된 수의 발전소만 상업적으로 가동되고 있지만 기술개발과 정부 정책에 힘입어 2030년에는 발전단가도 경쟁력을 갖출 것으로 전망하고 있다.

현재 EGS 발전의 중요한 기술적 과제 중 하나는 유발지진 또는 촉발지진의 문제다. 2006년 스위스 바젤시 한복판 EGS 발전소에서 물 주입을 시작했으나 규모 3.4의 지진이 발생되었고, 이후에도 계속되는 지진 문제로 발전소는 2009년 영구 폐쇄되었다(그림 13-5(c)). 또한 국내의 경우 2009년까지 지열발전을 할 만한 적격지가 드물어 지열발전에 대한 연구개발 및 지열발전 플랜트 보급사례가 없었던 우리나라도 2010년 이후에 EGS 발전 시스템의 기술개발 타당성에 대한 연구를 완료하고 지열발전 상용화를 위해 2012년 아시아 최초로 포항에 MW급 EGS 발전소 건설을 시작했으나 촉발지진으로 현재 사업진행에 어려움을 겪고 있다(그림 13-5(d)).

EGS 발전의 보급을 확대시키려면 시추분야의 신기술, 지역마다 다른 지질특성에 적합한 기술, 촉발지진과 같은 장애요인을 해결하려는 기술 등의 개발과 정부의 적극적인 지원제도를 마련해 상업적 경쟁력을 갖추어야만 한다. 최근 핀란드 연구팀은 촉발지진 탐지를 위해 시추공과 지진계 시스템을 추가로 설치해 촉발지진을 제어하면서 문제해결의 가능성을 제시하기도 했다. 지역적 제약을 극복할 기술의 발달로 향후 고온의 열수가 없더라도 다양한 지열자원으로부터 전기를 생산할 수 있게 된다면 지열발전의 보급률 증가뿐 아니라 지열발전 산업도 크게 성장될 것으로 전망된다. 미래에 집에서 지열로 생산된 전기로 밥을 짓는 모습을 기대해 보고자 한다.

지열에너지의 지속가능성

지열발전 적합지가 거의 없는 우리나라가 2012년 포항에 EGS 지열발전사업을 시작했지만 지금은 사업 진행에 어려움을 겪고 있는 상태이다. 탄소중립 목표를 달성하려면 에너지 전환정책으로 신재생에너지의 보급을 확대해야 하는 상황이지만 신재생에너지에 대한 안전성, 경제성, 기술력, 환경성, 수급안정성 등 고려해야 할 점들이 많다. 고온의 지열자원이 없는 우리나라에서도 지열발전이 가동되는 날이 오기를 기대한다.

14

연료전지와 수소에너지

수소경제사회로 가려면

21세기 들어서면서 심각한 기후변화가 전 세계에서 발생되고 있고 세계 여러 나라들은 온실가스 감축을 위해 2050년 탄소중립 목표를 세우고 그에 따른 일환으로 에너지 대전환을 준비하고 있다. 신재생에너지 중심의 에너지전환시대가 도래됨에 따라 세계가 집중하고 있는 에너지 중 하나는 수소에너지이다.

향후 4차 산업혁명으로 전기소비가 늘어나는 시대적 흐름에서 우리는 화석연료로부터 얻어진 전기를 사용하는 것이 아니라 신재생에너지인 풍력, 태양광, 바이오매스 그리고 수소에너지 등 다양한 에너지원으로부터 생산된 전력을 사용하는 미래로의 전환과 수소경제사회로 전환될 것을 준비 중에 있다. 수소경제사회란 재생에너지를 비롯한 각종 에너지 자원을 이용하여 수소를 생산하고, 에너지 수요와 공급사슬 전체 영역에서 수소를 중요한 에너지 유통수단으로 사용하는 사회경제체제를 의미한다고 볼 수 있다. 우리나라뿐 아니라 많은 국가들이 국가비전을 내걸고 수소 관련 기술개발프로그램 및 국제협력을 추진하여 수소경제사회 진입을 위해 노력하고 있고, 21세기 중반쯤에 수소경제사회가 도래할 것으로 전망하고 있다. 그 예로 2020년 EU집행위는 에너지부문의 온실가스배출량 감축을 위한 EU에너지시스템통합전략(EU strategy for energy system Integration)과 수소전략 발표에서 수소경제 활성화의 중요성을 강조하며 2050년까지 청정수소가 전 세계 에너지 수요의 24%를 담당할 것으로 전망했다. 또한 우리나라에서도 2019년 초에 '수소경제활성화로드맵'을 발표하면서 수소차와 연료전지분야의 강점을 활용해 수소를 중요에너지원으로 사용하는 경제성장과 에너지전환을 추진해 수소경제 선도국가로 도약하겠다는 목표를 제시하고 정책을 추진 중에 있다(그림 14-1).

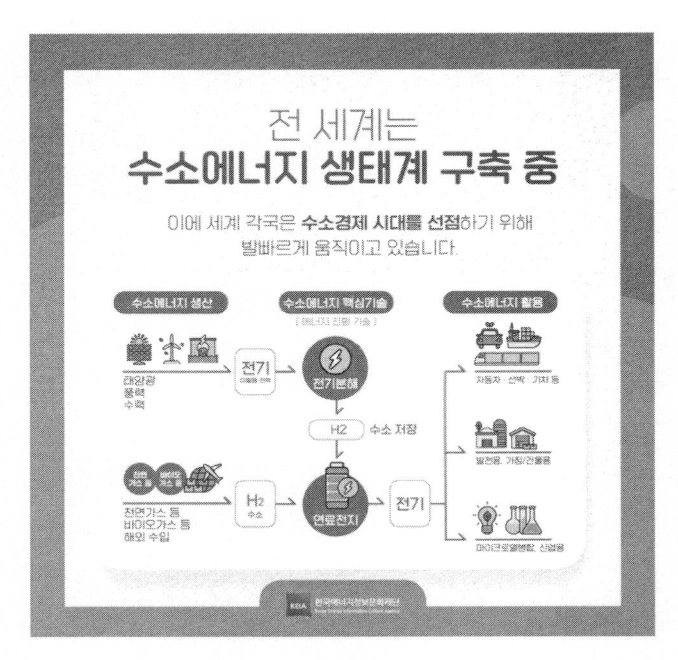

그림 14-1. 수소에너지의 생산과 활용(출처: 한국에너지정보문화재단)

그러나 수소경제사회가 되려면 주요국에 비해 국내에서 아직 부족한 분야인 수소의 제조, 저장, 원활한 공급과 운송기술 개발과 효율적인 수소활용을 위한 시스템 개발 및 구축이 필요하고, 수소에너지에 대한 안전 및 표준화 등이 뒷받침 되어야 할 것이다.

연료전지

연료전지는 1965년 미국의 유인 우주선 제미니 3호와 아폴로 우주선의 동력원으로 개발되어 사용된 이후 두 차례의 석유파동을 겪게 되면서 대체에너지로서 관심을 갖게 되었다. 이후 1990년대에 미국, 일본, 캐나다 기업들이 상용화에 성공하면서 현재는 미국, 일본, 한국, 유럽을 중심으로 연료전지 시장이 확대되고 있다.

연료전지(fuel cell)는 기존의 석탄 화력발전소에서 전력생산을 하듯이 발전용으로도 가능할 뿐 아니라 우리가 생활하는 곳에서 전기를 만들어 사용할 수도 있다. 즉, 발전용의 대형시스템을 갖추어 대용량의 전력을 공급할 수 있고, 건물과 집안에 연료전지를 설치하여 전기와 난방열을 공급하거나 자동차에 장착하여 차를 운행하게 하며, 노트북과 같은 소형 장치의 전원으로도 사용할 수 있는 적용 가능한 분야가 매우 다양한 신기술 중 하나이다.

연료전지는 수소와 산소의 전기화학반응에 의해 전기, 물, 열을 생산하는 장치로 연료의 화학에너지를 전기에너지로 직접 변환시켜 전기를 생산하는 전지(cell)이다. 전기가 생산될 때 부산물로 열도 발생하며, 이 열은 온수와 난방용으로 이용될 수 있다(그림 14-2). 우리가 일상생활에서 사용하는 일반전지는 전기를 잠시 화학에너지로 저장했다가 전기를 생산하지만 연료전지는 반응물인 연료를 외부에서 공급하면 연속적으로

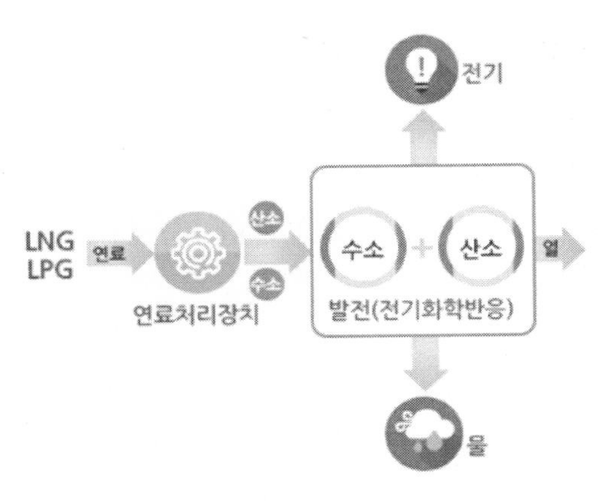

그림 14-2. 연료전지로 만드는 에너지(출처: 서울에너지공사)

전기를 생산하고, 반응생성물을 외부로 제거시킨다는 점에서 차이가 있다. 연료전지는 일반전지와 달리 전지의 재충전 없이 연료만 공급되면 전기를 지속적으로 생산하는 반영구적인 전지이다.

연료전지로 만드는 전기

연료전지는 연료의 화학에너지를 전기화학반응에 의해 전기에너지로 직접 변환하는 발전장치다. 가장 전형적인 것으로 수소연료전지가 있다. 연료전지는 연료극, 전해질층, 공기극으로 구성되어 있는 단위전지(Unit Cell)에서 전기화학반응으로 전기를 만든다(그림 14-3).

연료로는 수소와 공기 중의 산소가 사용된다. 연료극(양극, 산화)에 공급된 수소는 양극표면에서 수소이온과 전자로 분리된다. 수소 이온은 전해질층을 통해 공기극으로 이동하고, 전자는 외부 회로를 통해 공기극(음극, 환원)으로 이동하여 산소에 전달되면 음극에서 산소이온이 생성된다. 공기극에서는 생성된 산소이온과 수소이온이 만나 반응생성물인

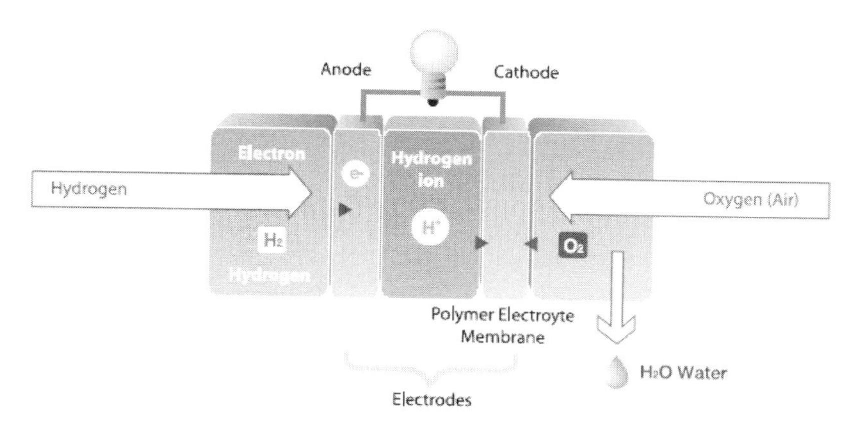

연료극: $H_2 \rightarrow 2H^+ + 2e^-$

공기극: $1/2O_2 + 2e^- + 2H^+ \rightarrow H_2O$

전체 반응식: $2H_2 + O_2 \rightarrow 2H_2O$

그림 14-3. 연료전지의 단위전지 구성도(출처: 신재생에너지백서, 2020)

물을 생성한다. 연료극과 공기극 사이에 연결된 전선을 따라 이동되는 전자에 의해 전류가 흐르게 되며, 동시에 열도 발생한다.

연료전지 발전시스템은 연료 개질기, 스택, 전력변환기, 그리고 열 회수시스템으로 구성되어 있다. 현재 연료전지의 연료로 천연가스, 메탄올, 석탄가스 등을 주로 사용하고 있다. 따라서 이들 연료는 연료 개질기(Reformer)를 거쳐 수소연료로 변환시킨 다음 연료극으로 보내진다.

연료극, 전해질층, 공기극으로 구성된 단위전지에서 만들어지는 전류는 통상 0.6-0.8V의 낮은 전압을 생성하므로 원하는 전기출력을 얻으려면 단위전지 수십 장, 수백 장을 직렬로 쌓아 오린 본체 즉 스택(Stack)으로 연료전지 본체를 이룬다. 스택에서 생성된 직류전기(DC)는 교류(AC)로 변환시키는 전력변환기(Inverter)를 거치면 우리가 전기를 사용할 수 있게 된다. 이 외에도 연료전지 본체에서 나오는 폐열은 열 회수시스템

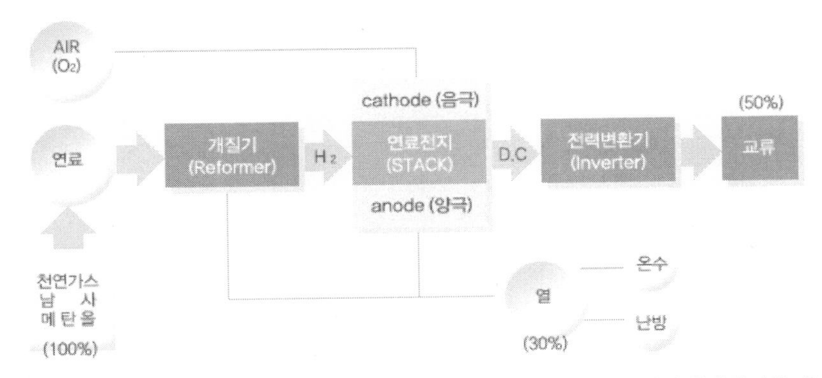

그림 14-4. 연료전지 발전시스템 구성도(출처: 한국에너지공단 신재생에너지센터)

(Heat recovery system)에서 회수하여 연료 개질기를 예열할 때 사용되거나 열병합발전에 열을 공급한다(그림 14-4).

연료전지의 특징

연료전지는 전극표면에서 일어나는 화학반응 에너지를 직접 전기에너지로 변환시키므로 장치가 간단하고, 스택을 규모에 따라 다양하게 조절하여 제작할 수 있어 발전규모도 조절할 수 있다. 따라서 구조특성상 크기조절이 쉬워 장소에 구애를 받지 않기 때문에 자동차, 우주선, 선박과 잠수함, 일반 가정, 공장, 대형 건물 등 어느 곳에도 설치가 가능하다. 또한 에너지를 저장할 필요가 없고 보조 발전시스템 없이 안정적으로 에너지를 공급할 수도 있다.

연료전지의 발전효율은 35~60%로 대단히 높다. 여기에 본체에서 발생된 열을 식힐 때 사용했던 물을 난방에 이용하거나 열병합발전 등에 사용하면 연료전지의 종합효율은 80~95% 이상으로 증가되어 고효율

발전기라 할 수 있다.

연료전지는 연료를 태우지 않고 전기화학반응에 의해 전기를 생산하고 물만 배출되는 무공해 신기술 에너지이다. 또한 현재는 화석연료를 개질시켜 생산된 수소를 대부분 사용하지만 천연가스, 석유, 석탄가스(합성가스) 외에도 물, 메탄올 등의 다양한 연료를 사용할 수 있어 자원의 제약을 받지 않으며, 화석연료를 기반으로 하는 화력발전에 비해 온실가스를 1/3 이상 감축시킬 수 있고 광화학 스모그, 산성비, 지구온난화 등의 영향을 줄일 수 있는 장점도 있다.

연료전지를 사용하는 자동차의 경우 기계적 구동 부분이 없기 때문에 소음과 진동이 적고, 기존의 자동차 모델을 이용하지 않아도 되며, 설치도 간편하다. 또한 깨끗한 공기를 필요로 하는 연료전지를 위해 고성능 필터를 사용하기 때문에 대기의 질을 개선하는 효과도 있다. 그러나 연료전지의 가격은 전지의 개발과 상용화를 위한 중요한 문제로 약 2~3만 달러였던 자동차용 연료전지의 값이 4천 달러 정도로 내려가야 경제성을 확보할 수 있을 것으로 보아 아직까지도 연료전지 가격이 비싸다는 문제를 가지고 있다.

또 다른 어려운 문제는 고온형 연료전지의 경우 재료가 파손되거나 작동 수명을 단축시키는 경향을 나타내므로 연료전지의 수명과 신뢰성을 향상시켜 경제적으로 운영하기 위한 새로운 부품과 성능의 개선도 필요하다. 따라서 잠재적 장점을 가진 연료전지가 널리 보급되기 위해서 기술적인 많은 문제들을 극복해야만 할 것이다.

연료전지의 종류

연료전지는 전해질 종류에 따라 알칼리연료전지(Alkaline Fuel Cell,

AFC), 인산형연료전지(Phosphoric Acid Fuel Cell, PAFC), 용융탄산염연료전지(Molten Carbonate Fuel Cell, MCFC), 고체산화물연료전지(Solid Oxide Fuel Cell, SOFC), 고분자 또는 고분자전해질막연료전지(Polymer Electrolyte Membrane Fuel Cell, PEMFC)가 있고, 이들을 작동 온도에 따라 분류할 수 있다. 즉 650℃ 이상의 고온에서 작동하는 고온형과 200℃ 이하부터 상온에 이르기까지 저온에서도 구동되는 저온형 연료전지로 구분된다.

우주선의 동력원으로 개발된 저온형 알칼리연료전지(AFC)는 군사용, 위성용 등 특수용도로 처음 개발되었으나 순수 수소를 연료로 쓰고, 연료전지가 공기 중에 있는 이산화탄소에 의해 쉽게 오염되는 단점이 있어 주기적인 전지교환으로 전지가격 상승요인이 되었다.

그 이후 1970년대 1세대 연료전지인 저온형 인산형연료전지(PAFC)를 민간차원에서 처음으로 개발했고, 1980년대 2, 3세대 고온형 연료전지인 용융탄산염연료전지(MCFC)와 고체산화물연료전지(SOFC)가 개발되었다.

고온형 연료전지는 고온일수록 전기화학반응 속도가 좋기 때문에 발전효율이 높고, 전극촉매로 니켈을 비롯한 비귀금속계 촉매를 사용할 수 있다. 그러나 기동 및 정지시간이 길며 열 충격에 취약한 단점이 있어 장기운전에 적합한 중・대용량 발전소, 산업단지, 아파트단지, 대형건물 등의 분산형 전원으로 적합하다. 국내에서는 2020년 기준으로 총 535 MW 발전량의 발전용 연료전지를 보급하고 있으며, 정부의 신재생에너지의무화정책(RPS 정책)에 따라 국내 K사의 용융탄산염 연료전지가 시장을 주도하고 있다.

1990년대 기술 개발된 4세대 연료전지는 고분자 또는 고분자전해질막연료전지(PEMFC)이다. 고분자 연료전지는 저온형으로 빠른 시동성, 적합한 동력 대비 중량비로 인하여 자동차나 버스에 적합해 가장 활발히

그림 14-5. 세계 최대 연료전지발전소 경기그린에너지(좌)(경기도 화성, 58.8MW), 노을 그린 연료전지 발전소(마포, 20MW)(우) (출처: 신재생에너지백서, 2020)

연구되고 있으며, 수송용뿐 아니라 발전용, 가정과 건물용, 휴대용 등 다양한 분야에 적용이 가능하다(그림 14-5). 저온형 연료전지는 빠른 시동성 등의 장점도 있으나 고가의 백금 촉매를 사용하며 비교적 효율이 낮은 단점도 있다. 현재 국내 H사에서 수송용 100 kW, 200 kW급 자동차와 버스용 연료전지가 탑재된 수소자동차와 버스를 양산하고 있고, 국내 D사는 5 kW 건물용 시스템 실증단계에 도달했고 향후 다양한 제품을 출시할 예정에 있다.

1990년대 말부터 기술 개발된 직접메탄올연료전지(Direct Methanol Fuel Cell, DMFC)는 고분자 연료전지와 구성요소가 같지만 순수한 메탄올을 연료로 직접 사용하기 때문에 연료의 저장이 용이하고, 수송과 공급이 원활하다. 또한 크고 무거운 수소저장장치나 개질기가 필요 없어 소형화가 가능하며, 작동 온도도 상온에서 90℃로 낮아 이동용 소형 전자기기의 전원으로 이용될 수 있다. 이러한 장점 때문에 자동차의 동력원으로 가능성이 매우 높으나 다른 연료전지에 비해 연구, 기술 개발이 뒤처져 있다.

2050년 탄소중립을 달성하려면 수소에너지가 필수적이라는 인식에 따라 세계 연료전지시장은 계속 성장세를 보일 것으로 전망되고 있다.

현재 연료전지 종류에 따라 수소모빌리티용으로는 고분자연료전지, 가정과 건물용으로는 고분자연료전지와 고체산화물연료전지, 발전용으로는 인산형연료전지, 고체산화물연료전지, 용융탄산염연료전지가 시장 확대를 주도하고 있다. 2019년 매출액 기준으로 볼 때 발전용 시장(37.5%)이 가정과건물용(20.2%), 수소전기차(18.2%), 수소모빌리티(23.0%)에 비해 가장 큰 비중을 차지하고 있으나, 2030년 이후에는 수소전기차와 수소모빌리티용 연료전지가 전체 연료전지시장의 70% 이상 차지할 것으로 예측하고 있다. 그러나 현재 연료전지가 여전히 고가인 점은 상용화의 장애물로 작용하고 있어서 보급을 확대하려면 연료전지 시스템의 가격저감과 수명 및 효율 등 내구성 향상에 관한 지속적인

표 14-1. 작동온도와 전해질에 따른 연료전지의 종류(출처: 신재생에너지백서, 2020)

연료전지 종류	전해질	작동온도 (℃)	주 촉매	가능한 연료	발전효율 (%)	용도
용융탄산염 (MCFC)	용융 탄산염	550 ~700	니켈/니켈 산화물	천연가스, 석탄가스	45~55	발전용
고체산화물 (SOFC)	YSZ GDC	500 ~1000	페로브스카이트/cemet	천연가스, 석탄가스	40~60	발전용, 가정·건물용
알칼리 (AFC)	KOH	0~230	니켈/은	수소	60~70	우주용
인산염 (PAFC)	인산	150~250	백금	천연가스, 메탄올	40~45	발전용, 건물용
고분자 전해질막 (PEMFC)	이온 교환막	50~100	백금	메탄올, 천연가스	40~60	수송용, 가정·건물용, 휴대용
직접메탄올 (DMFC)	이온 교환막	100 이하	백금	메탄올	–	휴대용

기술개발이 이루어져야 할 것이다.

우리나라의 경우 2020년 자료에 따라면 수송용 연료전지에 수소전기차 1만 대, 수소전기버스 15대, 수소 지게차 5대가 운행 중에 있고, 가정과 건물용 연료전지는 총 보급량 7 MW로 아직 미미한 수준이며, 발전용 연료전지는 총 보급량 534 MW로 연료전지 발전소가 운영 중이다. 2019년 발표된 수소경제활성화 로드맵에 힘입어 2040년까지 해외수출로 330만대를 보급하고, 국내에서도 수소모빌리티의 보급을 늘리는 한편 가정과 건물용으로 2.1 GW, 발전용으로 8 GW(수출포함 15 GW)를 보급할 것으로 계획하고 있고, 수소충전소 역시 1200개소로 확충할 것으로 발표하면서 연료전지의 보급을 확대해 가고 있다.

수소에너지

21세기 들어 세계 곳곳에서 발생되는 기후변화의 심각성과 2015년 기후변화협약 당사국총회(COP21)에서 채택된 파리협약을 이행해야 하는 상황에 따라 더 이상 에너지전환이 지연되어서는 안 된다는 인식과 함께 편재화 된 석유의 수급불안과 환경오염 문제 등 해결해야 할 많은 이슈로 인해 에너지전환에 대한 논의가 급격히 진행되고 있다. 1970년대 후반 새로운 에너지원으로 고려되었던 수소는 경제적 관점으로 볼 때 아직 주요 에너지원이라 생각할 수 없지만 탄소중립을 달성하기 위한 핵심적 수단으로 주목받으면서 본격적으로 수소에너지를 기반으로 하는 수소사회(수소경제)를 향한 움직임이 빨라지고 있다(그림 14-6).

수소는 우주에서 가장 풍부한 원소이지만 지구에서는 수소기체로 있지 않고 다른 원소와 결합된 상태인 물, 메테인 등과 같은 물질로 존재하기 때문에 물질에서 분리시켜 얻어야 한다. 그럼에도 불구하고 수소는 연료

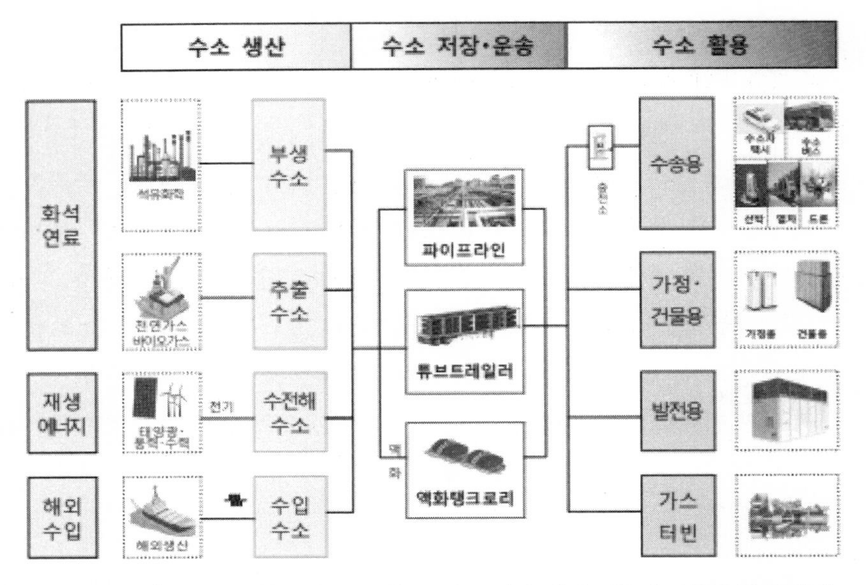

그림 14-6. '수소경제 활성화 로드맵' 중 수소경제 개념도(출처: 산업통상자원부)

전지가 사용되는 수송용 차량, 가정과 건물, 발전소 등에서 연료로 쓰일 뿐 아니라 산업의 기초소재부터 일반연료에 이르기까지 현재의 에너지시스템에서 거의 모든 분야에 이용이 가능하기 때문에 21세기의 청정에너지원으로 부각되고 있다. 따라서 수소를 에너지원으로 사용하려면 수소의 생산기술, 저장기술, 원활한 공급과 이송기술, 수소를 효율적으로 활용하는 이용기술과 시스템개발 및 구축, 안전에 대한 표준화 등이 뒷받침되어야 한다.

수소의 제조

현재 세계적으로 사용되고 있는 수소는 80% 이상이 천연가스, 액화석유가스, 석탄 등의 화석연료개질로부터 생산되고 있고 나머지가 물의 전기분해로부터 얻어지고 있다. 이외에도 광촉매, 미생물로부터 얻으려는 연구가 진행되고 있고, 최근에는 원자력을 이용해 물을 열분해시키는 기술도 개발되고 있다.

수소를 얻는 다양한 방법들
- 화석연료의 개질
- 물의 전기분해법(수전해법)
- 원자력을 이용한 수소제조
- 광촉매를 이용한 물 분해
- 미생물을 이용한 수소생산

우리나라에서 유통되는 수소는 대부분 천연가스 개질, 나프타 분해(석유화학산업 또는 제철산업에서 부수적으로 얻어지는 부생수소), 소금물 전해 등으로 생산되고 있다. 급증하는 수소수요를 맞추기 위해 현재 천연가스 공급망을 기반으로 한 탄화수소개질로부터 수소를 생산하는 다양한 규모의 생산기지를 구축할 계획이지만 장기적으로는 재생에너지에 기반을 둔 그린수소생산과 함께 해외의 미이용 에너지를 이용해 생산된 수소를 안정적으로 공급받을 수 있도록 해외수소 공급망 구축과 국제협력도 고려하고 있다.

세계 에너지시스템의 탈탄소화에 직면하고 있어 화석연료의 개질로부터 얻거나 석탄 화력발전소에서 제공되는 전력을 이용한 물분해로부터 얻은 그레이수소를 대부분 사용하는 것은 온실가스감축이나 자원고갈을 막으려는 움직임에 적합하지 않다. 따라서 궁극적으로 청정에너지가 되려면 그린수소 생산으로 가야만 한다. 현재 재생에너지 보급이 크게 확대되고 있는 독일을 중심으로 유럽에서는 풍부한 재생에너지와 앞선 수전해 기술을 바탕으로 그린수소 생산과 에너지저장수단으로의 연구가 활발히 진행되고 있고, 국내에서도 풍력, 태양광 발전 등 재생에너지로부터 공급된 전기(재생전원)로 그린수소를 얻기 위한 연구가 활발하게 진행되고 있다. 이 외에도 1000도에 가까운 초고온 원자로를 이용한 원자력 수소생산뿐 아니라 광촉매나 수소생산 미생물을 사용한 수소생산에 대한 기술개발에도 노력을 기울이고 있다. 그러나 아직도 경제적이면서 환경친화적인 수소제조를 위해 많은 과제가 남아있다.

수소의 저장과 운송

수소는 단위질량당 에너지 함량은 높지만 단위 부피당 에너지 함량은 가장 낮은 기체이다. 즉, 에너지 저장밀도가 낮기 때문에 가솔린과 같은 기존연료로 얻어지는 출력을 수소로부터 얻으려면 큰 부피의 수소가 필요하다. 따라서 수소는 제조뿐 아니라 저장과 공급(운송)도 중요한 문제가 되고 있다.

수소는 기체나 액체 상태로 저장하거나 고체저장, 물질전환저장 등 다양한 저장방식이 있다. 기체상태의 수소는 확산하기 쉽고 폭발성이 매우 강하여 다루기 어려운 성질이 있고, LPG를 저장하는 가스통에 저장하기도 어렵다. 그래도 기체저장은 현재 상용화된 저장법으로 특수용기를 이용해 수소기체를 100~900기압으로 압축 저장해 사용하고 있고, 국내에서 수소자동차용 수소탱크가 시판되고 있다.

다른 저장법에는 액체 상태로 수소를 저장하는 것으로 기체수소에 비해 부피가 약 800분의 1로 줄어들어 저장과 운송이 편리하고 충전소 면적, 인프라 구축비용 등을 절감할 수 있지만 수소기체는 영하 253 ℃이하로 액화시키는데 많은 에너지가 필요하고, 초저온에 견딜 수 있는 용기 개발 등 고난도의 기술력이 필요한 저장법이다. 현재 국내에서는 실증플랜트 착공을 시작으로 액화수소를 생산하기 위한 실증단계에 있다.

또한 저장과 운송이 용이할 것으로 예상되는 고체저장법으로 수소저장합금, 탄소재료와 같은 고체에 수소를 흡착시키는 방법과 암모니아와 또는 액상유기화합물(LOHC, Liquid Organic Hydrogen Carrier)로 저장시켰다가 수소를 방출시켜 이용하는 물질전환저장법(화학적저장법)도 있으며 상용화를 위해 기술개발 중에 있다.

수소의 저장과 함께 공급을 위해 고압의 기체수소를 튜브트레일러(현재 500여대 운영 중)로 운반하거나 파이프라인(국내 수소배관 200 km)을 구축해 활용하고 있으나 아직 안정적이고 경제성 있는 유통체계를 위한 기술개발도 필요한 상황이다.

수소의 충전인프라

수소가 생활과 산업 모두에서 필수 에너지원으로 사용되려면 수소의 원활한 공급이 뒷받침 되어야 한다. 2030년대에는 선진국의 내연기관 신차판매가 거의 중지될 것으로 예상되는 세계적 흐름에 비추어 볼 때 수소자동차 외에도 상용차, 열차, 선박, 항공기 등 수송 분야에서 뿐 아니라 물류, 발전, 에너지저장 등에서도 수소요구량이 크게 증가될 것으로 전망되고 있다.

수소차나 수소빌리티의 보급을 확대하려면 충전인프라 구축에 중점을 두어야 한다. 글로벌 수소충전소 계획에 따르면 2019년 443기에서 2030년 1만기 이상 설치될 것으로 전망된 가운데 우리나라도 수소자동차가 민간에 보급되기 시작하면서 2019년 34기뿐이었던 충전소는 2021년 기준 170기가 운영되고 있고 2030년까지 660기 이상의 수소충전소를 설치할 계획에 있다. 그러나 현재 충전소 건설비용이 아직 고가여서 저가의 보급형 충전설비개발이 필요하다(그림 14-7).

수소경제사회가 되려면 에너지 시스템에서 수소를 안정적이고 경제적으로 사용할 수 있어야 하는데 수소생산기지에서 만들어진 수소를 수소충전소 등 필요한 곳에 공급될 수 있도록 통합적 수소에너지 공급시스템을 개발하고 구축해야 할 것이다. 또한 수소 안전성에 대해 도시가스

그림 14-7. 패키지형 충전설비 적용 수소충전소(출처: 신재생에너지백서, 2020)

수준 이상으로 국민신뢰를 받을 수 있도록 안전관리체계를 구축하고 관련 법령제정 등도 갖추어야 할 것이다.

앞으로 우리나라는 수소를 에너지로 활용하는 그린모빌리티 보급 확대와 함께 그린수소의 생산, 저장과 운송, 안정적 공급기반 구축관련 기술개발과 수소전문 기업 육성으로 경쟁력을 강화하는 등 수소관련 분야에 집중할 계획이다. 수소경제사회로 나아가려면 세계 여러 나라들과 활발한 논의와 추진, 경쟁과 협력이 필요하다.

15

인간동력 에너지

인간의 활동으로 얻는 에너지

'친환경에너지', '저탄소 녹색성장', 지속가능한 사회'와 같은 말들은 탄소중립시대에 자주 언급되고 있다. 그 이유는 석유와 같은 화석연료의 고갈로 이를 대체할 다양한 에너지원이 필요하기 때문이다. 앞으로 우리가 사용하게 될 새로운 에너지원들은 이제까지 사용한 것과는 달리 환경오염은 물론 고갈의 염려도 없어 지속 가능한 발전을 가능하게 할 수 있는 것이어야 한다.

인류 초기에는 자연에 영향을 주지 않고 오로지 활동하는데 필요한 에너지, 즉 하루 동안 어른 한사람이 사용했던 에너지량은 약 8400 kJ을 필요로 했다. 그러나 20세기에 들어서 에너지 사용량은 963000 kJ로 크게 증가하였고 다양한 형태의 에너지를 필요로 하며 특별히 전기에너지를 사용하지 않는 곳은 없다. 편리함에 익숙한 우리의 생활은 전기가 없는 세상을 상상조차 하기 어렵다. 이런 가운데 화석연료를 대체할 수 있는 에너지원을 찾고자 많은 노력들이 이루어지고 있고, 이러한 요구에 따라 다양한 신재생에너지들을 개발하는데 노력을 기울이고 있다. 그러나 태양광, 풍력, 조력 등 신재생에너지들은 전기를 생산하기 위해 대단위 시설이 필요하고 비용도 많이 든다. 재생에너지가 모든 에너지 문제를 해결할 수는 없다. 따라서 우리는 전기가 필요한 부분을 최소화하고 다른 에너지원에 의존하지 않으면서 우리 스스로 에너지를 생산하자는 의견이 나오고 있다. 이것이 인간동력(Human Power)에너지이다.

인간 동력은 우리 몸을 이용해서 나에게 필요한 에너지를 만들자는 것이다. 엄밀히 말하면 우리는 이미 오래전부터 인간 동력을 사용해왔다. 그러나 지금은 모터에 의존하여 편리한 생활을 하고 있다. 인간동력은 사람이 에너지를 소비하는 주체일 뿐이라는 편견에서 벗어나 에너지 생산자라는 새로운 시각으로 접근하는 것이다.

일반적으로 체중이 60 kg인 성인(20~29세) 남자의 경우 기초대사량이 2400 kcal이다. 이것을 일의 단위로 환산하면 10,046 kJ이 된다. 사람들은 음식물을 섭취하여 에너지를 만들어 생활하게 되는데 현대인들은 기초대사량보다 많은 양의 열량을 섭취하고 남은 열량을 운동으로 배출한다. 인간의 과잉섭취 에너지와 무의식 중에 버려지는 에너지를 최대한 활용해 에너지 생산에 이용하자는 것이 인간동력 에너지이다. 인간동력은 보통 한 사람의 힘으로 75 W의 동력을 만들 수 있는데 이를 우리나라 인구 약 5000만이 만든다고 하면 3730만 kW의 전기를 만들 수 있다. 이는 신형 화력발전소 1기의 발전 용량인 100만 kW의 37배에 이르는 엄청나게 많은 양의 전기에너지이다. 이렇듯 인간은 에너지 소비자인 동시에 에너지 생산자 일 수 있다. 인간의 힘으로 에너지를 생산한다면 현대인들의 운동부족 문제, 환경문제, 화석연료고갈 문제를 해결할 수 있으므로 인간동력에너지는 녹색에너지인 것이다. 인간동력에너지를 생산하는 장치는 두가지로 나눌 수 있다. 먼저, 인간의 근력을 적극적으로 이용하는 장치로 자전거의 페달을 돌려 전기를 생산하는 것이다.

이것은 자전거를 움직이게 하는 것과 같은 원리로 작동된다. 또 하나는 보행 등 일상생활 중 무의식적으로 발생하는 기생전력이나, 무선스위치나 리모콘과 같은 적은양의 전력 기기의 건전지 대신 사용하는 장치로 나눌 수 있다. 지난 2007년까지 20년 동안 인간동력장치의 특허 출원을 살펴보면 근력을 이용하는 장치가 139건(57.4%), 기생전력을 이용한 장치 90건(37.2%) 저전력 기기가 13건(5.4%)이다. (출처:에코저널)

인간동력에너지는 인간의 근력을 이용하는 발전장치, 기생전력을 이용하는 발전장치인 발전마루와 발전신발, 또한 저전력을 사용하는 무선스위치 발전장치 등이 있다. 이처럼 인간동력에너지는 원시시대로의 회귀가 아닌 첨단기술의 융합인 신에너지로 볼 수 있다.

자전거 발전장치로 얻는 전기

데이비드는 매일 아침 운동을 하면서 자신이 만든 자전거 발전장치를 통해 전기를 생산한다. 생산된 전기는 자동차 배터리에 저장했다가 재택근무를 하는 동안 컴퓨터를 작동 하거나, 로봇청소기를 사용할 때, 음악감상을 할 때 사용한다. 이렇게 전기를 생산하는 동안 데이비드는 운동으로 2년간 300파운드의 살을 뺏다. 결과적으로는 1파운드당 1 kWh의 전기를 생산했을 뿐 아니라 전력 생산시 발생할 수 있는 이산화탄소도 전혀 배출 되지 않았다. 자전거 발전장치는 전기를 필요로 하는 제품에 연결하여 전기를 생산할 수 있다. 예를 들면, 세탁기에 자전거 발전장치를 연결시켜 생산된 전기로 세탁기를 작동시킬 수 있다. 또한, 솜사탕 기계에도 부착하여 아이들이 자신들의 근력을 사용하여 솜사탕을 만들어 먹는 것이다(그림 15-1). 이산화탄소도 배출하지 않으면서 자신이 에너지를 만드는 것이다.

그림 15-1. 자전거발전장치

압전소자로 얻는 전기(발전신발과 자가발전운동장)

발전신발은 일상생활에서 버려지는 에너지를 전기에너지로 바꾼 것으로 신발 내부에 발전장치를 설치하여 걸을 때마다 전기가 만들어져 휴대폰의 배터리가 충전되도록 만들어진 것이다(그림 15-2). 이렇게 성인 1명이 걸을 때 발뒤축과 바닥면 사이에서 발생하는 충격에너지는 60 W 전구 하나를 순간적으로 반짝 켤 수 있을 만한 양이다. 발전신발로 생산된 전력양은 비록 적지만 많은 사람들이 끊임없이 오고가는 지하철 환승통로에 이 원리를 적용하면 큰 에너지를 얻을 수 있다.

일본 동경역에는 승객이 발고 지나가면 전기를 생산하는 발전 마루가 설치되어 있다. 스피커가 전기를 진동으로 바꾸는 것에 착안하여 스피커에 들어가는 압전소자를 이용하여 압력을 전기로 바꾸는 것이다. 개발

그림 15-2. 발전신발(출처: www.kickstarter.com)

한지 1년 만에 전기 생산량을 10배 정도나 증가 시킬 수 있었고, 앞으로 더 많이 발전할 가능성을 지니고 있다. 이런 발전 마루는 전세계 곳곳에 활용도가 높다고 할 수 있다.

최근 전력난에 시달리고 있는 브라질에서 밤에도 환한 불빛 아래서 축구를 할 수 있는 운동장이 있다. 운동장 잔디 아래 특수 타일이 설치되어 있어, 어린이들이 운동장을 뛰어다니면서 밟을 때마다 전력이 생산되어 배터리로 보내주는 것이다. 어린이들의 운동에너지가 전기에너지로 바뀌어 캄캄한 밤에도 축구를 할 수 있는 것이다(그림 15-3).

그림 15-3. 자가발전 운동장(출처: 산업자원통상부)

인간동력 에너지의 기술

우리가 생각지도 못했던 많은 곳에서 인간동력과 인간의 운동에너지를 활용해 전력을 생산하려는 여러 실험들이 이루어지고 있다. 발전자전거, 자가발전운동장, 발전신발 등 이와 같은 장치는 이산화탄소의 배출이 전혀 없고, 건전지와 전선의 사용을 줄여 환경오염을 일으키는 요소들을 줄여 나갈 수 있다.

앞으로 사람의 근육을 활용해 전기를 생산하는 것이 노동이라기보다 즐거운 놀이와 운동이라는 인식이 될 수 있도록 장치와 기구들을 만들어야 할 것이다. 이것은 과거 수동의 시대로 돌아가는 것이 아니라 고도의 기술을 필요로 하는 첨단과학기술과 접목시켜 많은 사람들이 쉽게 사용할 수 있는 장치들을 개발하는 것으로 녹색성장 시대에 맞는 새로운 일자리 창출도 가능할 것이다.

인간이 중심이 되는 인간동력에너지는 인간의 손, 발, 근육을 적극적으로 활용하여 활발하게 사용하므로 사람에게 건강에 도움이 되면서 친환경적인 에너지 개발을 동시에 추구하는 최상의 차세대 신재생에너지가 될 것이다.

참고문헌

- [2013 녹색에너지체험전 에너지이야기] 인간동력(대체에너지), 당신도 에너지(http://blog.naver.com/energyshow/120189550675).
- [네이버 지식백과] 제3차 에너지기본계획(2019~2040) (시사상식사전, pmg 지식엔진연구소).
- [스토리] 핫한 에너지, 원자핵-핵융합과 핵분열, 헷갈려하는 이들을 위한 설명서, 에너지정보문화재단.
- [스토리] 후쿠시마 원전사고의 또 다른 이슈, 오염수, 에너지정보문화재단.
- 1차 에너지, 두산백과, NAVER 지식백과(https://terms.naver.com/entry.naver?cid=40942&docId=1136787&categoryId=31868).
- 2014년 전 세계 인구 수 70억 명 (http://blog.naver.com/kkmm56/220184560394).
- 2020 신・재생에너지 백서, 산업통상자원부, 한국에너지공단 신・재생에너지센터.
- 2020년 신재생에너지 보급통계, 한국에너지공단(2021).
- American Chemical Society, 화학교재연구회 역, 생활과 화학, 드림플러스(2012).
- BP(영국 에너지회사), (http://www.bp.com/).
- e-나라지표(http://www.index.go.kr).
- G. Boyle, 김원정 외 4인 역, 신재생에너지, 한티미디어(2010).
- G. T. Miller, Jr., 환경과학 교재연구회 역, 환경과학-지구보존-, 광림사(2001).
- GS칼텍스 에너지 이야기, [에너지락개론] 제13강. 석유 매장량의 이해 : 석유는 40년 후 정말로 고갈될까?, 2019. 3. 14.(https://naver.me/GEAHvJiJ).

- GS칼텍스 에너지 이야기, 수소에너지산업의 현재와 미래, GS칼텍스, 2021.08.12.,(https://post.naver.com/my.naver?memberNo=471333).
- http://www.kyushu-u.ac.jp/pressrelease/2013/2013_02_25.pdf.
- http://www.technabob.com/blog/2009/01/30/playpump-helps-guench-thirst.
- J. Nicholson, 정상률 역, 우리가 사용하고 있는 에너지이야기, 창조문화(2001).
- KISTEP 조사분석실, 우리나라 에너지 자원 현황 분석, 한국과학기술기획평가원(KISTEP)(2009).
- k-water(http://www.kwater.or.kr)
- P. B. Kelter외 2인, 화학교재편찬위원회 역, 대학기초화학, 북스힐(2012).
- 가스하이드레이트 개발사업단 (http://www.gashydrate.or.kr/index.php).
- 과학 칼럼니스트 김형자의 친절한 과학정책, '불 끄는 얼음, 가스 하이드레이트의 진화'|작성자 정책주간지 K공감.
- 광양만권뉴스(http://www.egynews.co.kr).
- 국내 최초 포항 지열발전소 (http://blog.naver.com/hkc0929/220269500224).
- 국내기술로 바이오가스 플랜트 준공 (http://blog.naver.com/jin31303130/120063136825).
- 국내원전, 해체비용 14조 원, 2013. 3. 21일 기사 (http://news20.busan.com).
- 국토환경정보센터(http://www.neins.go.kr:2008/etc/envnews).
- 권민철, 녹색성장시대 에너지 이야기, 하이미디어피앤아이(2009).
- 그린크로스빌리지(Green Cross Village)

(http://cafe.daum.net/greencrossvillage).
- 그린홈(http://greenhome.kemco.or.kr/index.do).
- 기상청(http://www.kma.go.kr).
- 기술산업분석 수소 에너지, 한국과학기술정보 연구원.
- 기후변화 문제의 해결책, 신재생에너지가 뜬다 (http://greenfu.bolog.me/150168871620).
- 김수병 외 4인, 지구를 생각한다, 북하우스 퍼블리셔스(2009).
- 김수병, 박미용, 박병상, 이성규, 이은희, 지구를 생각한다, 해나무(2009).
- 내가 버린 쓰레기가 에너지로 재탄생?[기후변화주간(4.22~4.28)], 에너지정보문화재단.
- 냉열발전[冷熱發電][네이버 지식백과] (두산백과 두피디아, 두산백과).
- 네이버 블로그(http://blog.naver.com/hkm1628/197269395).
- 네이버 블로그(http://blog.naver.com/khc1211/90145162278).
- 네이버 블로그(http://blog.naver.com/oo2013/60193208182).
- 네이버식백과(https://terms.naver.com/entry.naver?docId=3385780&cid=43667&categoryId=43667).
- 노상양, 2020년 신재생에너지 보급통계(확정치)결과, 2021.12.5., (https://blog.naver.com/nohssy/222587092395).
- 녹색성장시대 에너지 이야기, 권민철, 하이미디어피앤아이(2009).
- 녹색성장위원회(http://www.greengrowth.go.kr).
- 녹색성장의 길, 중앙북스(2009).
- 녹색에너지체험전 에너지이야기, 인간동력(대체에너지), 당신도 에너지(http://blog.naver.com/energyshow/120189550675).
- 녹색치유소, [환경위기문제]2023년도의 환경위기시계는 몇시일까요?, 2023.1.2., (https://blog.naver.com/greenheal2022/ 222973114148).

- 뉴질랜드, 세계 최대규모 지열발전소 가동 (http://hard.blog.me/70177424247).
- 다음 블로그(http://blog.daum.net/gratitude21/35).
- 다음 블로그(http://blog.daum.net/kyoungun/9).
- 다음 카페(http://cafe.daum.net/5914j).
- 단비뉴스(http://www.danbinews.com).
- 대체에너지, 윤천석, 인터비젼(2004).
- 대한민국 정책포털, 녹색성장, 문화체육관광부.
- 맹물 자동차시대 열리나, 사이언스타임즈 연재기사(2013).
- 문경석탄박물관(http://coal.gbmg.go.kr/open.content/ko).
- 문경석탄박물관(http://coal.gbmg.go.kr/open.content/ko/).
- 미래기획위원회, 녹색성장의 길, 중앙북스(2009).
- 박동곤, 에네르기팡, 생각의 힘(2013).
- 박형동 외 3인, 신재생에너지, 씨아이알(2012).
- 발전신발(http://www.kickstarter.com).
- 산소통, '수소 도시' 창원에 또!… 액화수소 플랜트 구축, 산업통상자원부 소통채널, 2021.7.21., (https://blog.naver.com/mocienews/222448651380).
- 산업통상자원부, 에너지인(http://seenergy.kr).
- 산업통상자원부, 제5차 신재생에너지 기본계획(2020-2034)발표, 2020.12.29. 보도(https://motie.go.kr).
- 서동준, 한국형 인공태양 KSTAR 1억도 초고온 플라즈마 30초 운전 세계 첫 성공, 동아사이언스 기사, 2021.11.22.
- 서현영, 제5차 신재생에너지 기본계획, 우리나라 신재생에너지의 미래를 만나다, 2021.01.25.(https://renewableenergyfollowers.org/3230).

- 세계 에너지 사용량 전년대비 2.2% 증가...한국 성적표는?, 에너지경제신문, 2018.08.31.기사(https://www.ekn.kr/web/view.php?key=383407).
- 세계 최고수준의 수소경제 선도국가로 도약- 정부,「수소경제 활성화 로드맵」발표, 산업통상자원부 보도자료, 2019.
- 수소 제조기술 연구현황과 비전 (http://blog.naver.com/love4youkr/70070857906).
- 스턴 보고서 Stern Review(2006).
- 시화호 조력발전소(http://tlight.kwater.or.kr).
- 신재생에너지 데이터센터(http://kredc.kier.re.kr).
- 신재생에너지, G. Boyle, 김원정 외 4인 역, 한티미디어(2010).
- 신재생에너지, 박형동 외 3인, 씨아이알(2012).
- 신재생에너지백서, 에너지 관리공단(2012).
- 신재생에너지백서, 에너지 관리공단(2016).
- 신재생에너지백서, 에너지 관리공단(2018).
- 신재생에너지백서, 에너지 관리공단(2020).
- 신재생에너지센터(http://www.energy.or.kr/knrec).
- 신재생에너지협회(http://www.knrea.or.kr/energy/energy09.asp).
- 심각한 지구온난화 피해사례 (http://blog.naver.com/h17j89/191890833).
- 양용석, 원자력발전의 국민경제적 기여분석과 기금운영개선방안, 한국과학기술기획평가원(KISTEP)(2010).
- 에너지 경제연구원(2020).
- 에너지 단위환산, 2020.09.15., (https://blog.naver.com/masanghwi/222089946658).
- 에너지관리공단 신재생에너지센터

(http://www.energy.or.kr/knrec/index.asp).

- 에너지관리공단신재생에너지센터, 태양광, 북스힐(2008).
- 에너지학개론, 박종웅,김석완, 동화기술(2010).
- 에코저널(http://www.ecojournal.co.kr).
- 외국의 조력발전소 소개(http://swb567.blog.me/100148804368).
- 원자력발전백서, 한국수력원자력(2012).
- 원자력으로 만드는 수소에너지 (http://blog.naver.com/energyplanet/220069454884).
- 유진규, 인간동력, 당신이 에너지다, 김영사(2008).
- 윤천석, 대체에너지, 인터비젼(2004).
- 이광수, 박진순, 바다가 만든 자연에너지, 지성사(2013).
- 이주영, 국제공동 인공태양 프로젝트 'ITER 핵융합 반응장치' 조립 시작, 연합뉴스 기사, 2020.07.28.
- 인간동력, 당신이 에너지다, sbs(2012).
- 日, 후쿠시마 오염수 방류시설 공사 시작…내년 여름 바다에 내보낼 듯, 동아일보, 20220804 기사.
- 자원순환경제와 도시광산(2022, 13호, The world best energy and environmental management consultancy).
- 저렴하고 고성능인 수소저장합금 개발 성공 (http://hard.blog.me/70161461535).
- 제3차 에너지기본계획(2019~2040), NAVER 지식백과(시사상식사전).
- 제주스마트그리드 실증단지(http://smartgrid.jeju.go.kr/?sso=ok).
- 조승한, 핀란드에선 포항 지열발전 방식 통했다, 동아사이언스, 2019. 05.03., (https://www.dongascience.com/news.php?idx=28476).
- 조영덕, 이상화, 신재생에너지, 이담 Books(2011).
- 조은아, 세계최대 화학기업도 "공장 멈출 판"…러 가스차단 직격탄,

동아일보, 2022.08.24. 기사(https://www.donga.com/news/ article/all/20220824/115112748/1).
- 존 니콜슨, 에너지이야기, 창조문화(2001).
- 주오심, 수소생산기술현황, korean Chem.Eng. Res. 49(6), 688-696(2011).
- 쥬영흠, 21세기 에너지 핸드북, 대영사(2001).
- 지열에너지(http://slowalk.tistory.com/1111).
- 탄소중립, 두산백과, NAVER 지식백과(https://terms.naver.com/entry.naver?cid=40942&docId=1822199&categoryId=31637).
- 터무니없이 적은 태안 기름유출사고 판결액 (http://blog.naver.com/sosimkim/150156771512).
- 통계로 보는 한국의 수자원, 국토교통부(2013).
- 패트로넷(http://www.petronet.co.kr/v3/index.jsp petronet).
- 폐기물 추출 바이오가스로 CNG버스 연료공급 (http://blog.naver.com/sky6405/20196566433).
- 포스코 소수력발전 설비 가동 (http://blog.naver.com/rubens1000/90017843378).
- 한국 신재생에너지협회(Http://www.knrea.or.kr).
- 한국가스공사(http://www.kogas.or.kr).
- 한국과학기술정보연구원, 글로벌동향브리핑(http://mirian.kisti.re.kr/futuremonitor/view.jsp?cn=GTB2013100178).
- 한국기후 환경네트워크(http://greenstartkorea).
- 한국석유공사(http://www.knoc.co.kr).
- 한국수력원자력(http://www.khnp.co.kr).
- 한국스마트그리드 사업단(http://www.smartgrid.or.kr).
- 한국에너지기술연구원.

- 한국에너지정보문화재단(https://www.keia.or.kr).
- 한국원자력문화재단(http://www.konepa.or.kr).
- 한국원자력연구원(https://www.kaeri.re.kr).
- 한국원자력환경공단(http://www.korad.or.kr).
- 한국지열협회(http://www.kogea.or.kr).
- 한국풍력산업협회.
- 한국해양과학기술원(http://www.kiost.ac).
- 한국환경산업기술원(http://www.konetic.or.kr).
- 환경백서, 환경부(2020).
- 환경부(http://www.me.go.kr/home/web/index.do?menuId=10272&condition.code1=015).
- 환경부, 생태관광(http://www.eco-tour.kr/home/index.asp).

생활과 그린에너지 2판

초판 1쇄 발행 | 2015년 3월 20일
초판 2쇄 발행 | 2019년 9월 20일
2판 1쇄 발행 | 2023년 8월 25일

지은이 | 윤신숙 · 남궁미옥
펴낸이 | 조승식
펴낸곳 | (주)도서출판 북스힐

등 록 | 1998년 7월 28일 제22-457호
주 소 | 서울시 강북구 한천로 153길 17
전 화 | (02) 994-0071
팩 스 | (02) 994-0073

홈페이지 | www.bookshill.com
이메일 | bookshill@bookshill.com

정가 16,000원

ISBN 979- 11-5971-517-4

Published by bookshill, Inc. Printed in Korea.